Geschichte

der

römischen Literatur

für höhere Lehranstalten und zum Selbststudium.

Begründet von

Dr. W. Kopp,

fortgeführt von **F. G. Hubert** und **O. Seyffert**.

Neunte Auflage

bearbeitet von

Dr. Max Niemeyer,

Professor am Königl. Victoriagymnasium zu Potsdam.

Berlin.

Verlag von Julius Springer.

1913.

ISBN-13: 978-3-642-48516-9   e-ISBN-13: 978-3-642-48583-1
DOI: 10.1007/978-3-642-48583-1

Alle Rechte, insbesondere das der
Übersetzung in fremde Sprachen, vorbehalten.
Softcover reprint of the hardcover 1st edition 1913

Vorwort zur neunten Auflage.

Die Geschichte der römischen Literatur von Kopp hatte in ihrer fünften Auflage (1885) eine gänzliche Umarbeitung durch Oberlehrer F. G. Hubert in Rawitsch erfahren, welche den Wert des Buches in anerkennenswerter Weise erhöht hatte. Besonders lieb und wert wurde mir aber das Büchlein durch die geschickte Bearbeitung (1901) des Berliner Professors Dr. Oscar Seyffert, des bekannten Plautusforschers, weshalb ich es im Jahre 1909 gerne unter meinen Schutz nahm. Dem vorliegenden Neudruck sind außer den neuesten Schriftstellerausgaben namentlich die Neuauflagen von Schanz' und Teuffels Literaturgeschichten sowie die Neubearbeitung der Real-Enzyklopädie, ebenso Leos, Nordens, Manitius' und Martinis Arbeiten nützlich gewesen.

Potsdam.

M. Niemeyer.

Möge das Studium der griechischen und römischen Literatur immerfort die Basis der hohern Bildung bleiben!

Goethe.

Inhaltsverzeichnis.

		Seite
§ 1.	Einleitung	1
§ 2.	Vorgeschichte der römischen Literatur	2

Erste Periode.

Vom Ende des ersten punischen Krieges bis zur Zeit der Bürgerkriege (ca. 240—90 v. Chr.): die Anfänge der römischen Kunstliteratur.

§ 3.	Übersicht	7

A. Poesie.

§ 4.	Drama (Allgemeines)	8
§ 5.	Livius Andronicus	10
§ 6.	Naevius	10
§ 7.	Plautus	11
§ 8.	Ennius	15
§ 9.	Pacuvius	18
§ 10.	Accius	18
§ 11.	Statius Caecilius	19
§ 12.	Terentius	19
§ 13.	Comoedia togata	21
§ 14.	Atellana	22
§ 15.	Satire: Lucilius	23

B. Prosa.

§ 16.	Geschichtschreibung: Annalisten	24
§ 17.	Cato	25
§ 18.	Weitere Entwickelung der Geschichtschreibung	27
§ 19.	Beredsamkeit; Rhetorik	28
§ 20.	Rechtswissenschaft	30
§ 21.	Grammatik	30
§ 22.	Landwirtschaft	31

— VI —

Zweite Periode.

Von den Bürgerkriegen bis zum Tode des Augustus
(ca. 90 v. Chr.—14 n. Chr.): das goldene Zeitalter.

Seite
§ 23. Übersicht 32

I. Die Ciceronische Zeit.

A. Prosa.

§ 24. Beredsamkeit 34
§ 25. Cicero 35
§ 26. Caesar 43
§ 27. Cornelius Nepos; Atticus 45
§ 28. Sallustius 46
§ 29. Varro 48
§ 30. Nigidius Figulus und andere Gelehrte . 51
§ 31. Rechtswissenschaft 51
§ 32. Acta senatus und diurna 52

B. Poesie.

§ 33. Matius; Laevius; die alexandrinische Richtung . . . 52
§ 34. Lucretius 53
§ 35. Catullus 54
§ 36. Andere Dichter 55
§ 37. Drama 56

II. Die Augusteische Zeit.

§ 38. Augustus und sein Kreis 58

A. Poesie.

§ 39. Vergilius 60
§ 40. Horatius 65
§ 41. Cornelius Gallus; Tibullus; Lygdamus; Sulpicia . . . 69
§ 42. Propertius 71
§ 43. Ovidius 72
§ 44. Andere Dichter 76

B. Prosa.

§ 45. Geschichte: Livius 77
§ 46.   ,,   Pompeius Trogus 80
§ 47. Gelehrte Forschung 81

		Seite
§ 48.	Beredsamkeit	83
§ 49.	Rechtswissenschaft	84
§ 50.	Vitruvius	85
§ 51.	Philosophie	85

Dritte Periode.

Vom Tode des Augustus bis Hadrian (14—117 n. Chr.): das silberne Zeitalter.

§ 52.	Übersicht	87

A. Prosa.

§ 53.	Geschichte: Velleius Paterculus	89
§ 54.	„ Valerius Maximus	90
§ 55.	„ Curtius	91
§ 56.	„ Tacitus	91
§ 57.	Geographie: Pomponius Mela	95
§ 58.	Philosophie: Seneca	95
§ 59.	Naturwissenschaften: der ältere Plinius	98
§ 60.	Beredsamkeit: Quintilian	100
§ 61.	„ Plinius (Minor)	101
§ 62.	Grammatik	103
§ 63.	Rechtswissenschaft	104
§ 64.	Medizin	104
§ 65.	Landbau	105
§ 66.	Frontinus; Agrimensoren	105

B. Poesie.

§ 67.	Germanicus	106
§ 68.	Manilius	107
§ 69.	Fabel: Phaedrus	107
§ 70.	Drama	108
§ 71.	Roman: Petronius	109
§ 72.	Bukolische Dichtung	110
§ 73.	Lucanus	110
§ 74.	Silius Italicus; Homerus latinus	111
§ 75.	Valerius Flaccus	112
§ 76.	Statius	113
§ 77.	Satire: Persius	114
§ 78.	„ Iuvenalis	114
§ 79.	„ Sulpicia	115
§ 80.	Epigramm: Martial	115

Vierte Periode.

Von Hadrian bis zum Untergange des weströmischen Reiches (117—476 n. Chr.).

Seite
§ 81. Übersicht 118

I. Von Hadrian bis Constantin d. Gr. (117—324).

§ 82.   **A. Poesie** 119

B. Prosa.

§ 83. Geschichte: Suetonius 121
§ 84.   „   Florus u. a. 122
§ 85.   „   Historia Augusta . . . 123
§ 86. Fronto 124
§ 87. Apuleius 124
§ 88. Panegyrici 126
§ 89. Grammatik 126
§ 90. Rechtswissenschaft 129
§ 91. Geographisches 130
§ 92. Landwirtschaft 131
§ 93. Christliche Schriftsteller 131

II. Von Constantin d. Gr. bis zum Untergange des weströmischen Reiches (324—476).

§ 94.   **A. Poesie.** 133

B. Prosa.

§ 95. Geschichte 137
§ 96. Statistisch-Geographisches 140
§ 97. Roman 141
§ 98. Boëthius 141
§ 99. Beredsamkeit 142
§ 100. Grammatik 143
§ 101. Kriegswesen 145
§ 102. Rechtswissenschaft . . . 146
§ 103. Philosophie 146
§ 104. Landwirtschaft 147
§ 105. Medizin 147

C. Christlich-theologische Schriftsteller.

§ 106. Poesie 148
§ 107. Prosa 150
§ 108. Schluß 153

Einleitung.

§ 1. Das Volk der Römer ist aus dem Stamme der Latiner hervorgegangen, welche namentlich mit den Umbrern, Sabellern und Oskern den italischen Zweig der indogermanischen Sprachenfamilie bildeten. Die Sprachen dieser anderen Stämme sind auf enge Gebiete beschränkte Dialekte geblieben und unter der Herrschaft der Römer, wie die der übrigen italischen Völker, insbesondere der Etrusker, die nicht Indogermanen waren, allmählich eingegangen: sie sind uns nur durch Inschriften bekannt, so das Umbrische durch die sieben Bronzetafeln von Iguvium (Gubbio) sakralen Inhalts und das Oskische namentlich durch die auf das Stadtrecht von Bantia in Apulien bezügliche tabula Bantina. Dagegen hat sich das Lateinische, beeinflußt durch etruskische Eroberung und griechische Zuwanderung, vermöge der hinausstrebenden Kraft der Römer nicht nur aus einem Dialekt zur herrschenden Sprache Italiens und später zu einer Weltsprache erhoben, sondern auch zur Literatursprache entwickelt. Doch ist diese Entwickelung erst spät und nicht aus dem Volksgeist heraus erfolgt, sondern unter fremdem Einfluß. Der Grund lag in dem Charakter und in den natürlichen Lebensbedingungen des Volkes. Entsprechend der Entwickelung seines Staates aus der von Feinden umringten Bauerngemeinde, verleugnete der Römer nicht die Haupteigenschaften eines soldatischen Bauernstandes: ernst, verständig, tätig, tapfer, zäh, nüchtern, war sein Sinn auf das Praktische gerichtet, und dieses Übergewicht des Verstandes über die Phantasie gelangte auch in den abstrakten Gestalten seiner ursprünglichen Religion zum Ausdruck. Kein Wunder also, daß ein reicheres geistiges und literarisches Leben in dem so gearteten Volke sich erst seit der engeren Berührung mit der Griechenwelt entfaltete, und daß der romischen Literatur die Originalität fehlt. Sie schließt sich an die fertig vorgefundenen griechischen Vorbilder an, sie nur nach der eigenen Geistesanlage umgestaltend und weiterbildend. Mit ihrer kraftvollen Sprache, die nach und nach eine Fülle und Schönheit gewinnt, die der griechischen nahekommt, wird sie dann die bedeutsame Vermittlerin des Hellenismus für die andern Volker Europas und fur die moderne Welt, von Schätzen eignen Geistes manchen schon geschliffenen Edelstein spendend.

Die Vorgeschichte der römischen Literatur.

§ 2. Die dem Beginn der eigentlichen romischen Literatur vorausliegenden Aufzeichnungen dienten zunächst sakralen Zwecken. Es waren carmina (s. *κηρύττειν*), teils in rhythmischer Prosa, teils im versus Saturnius. Das Musterschema dieses uritalischen, oft alliterierenden Verses ◡ ́ ◡ ́ ◡ ́ ◡ ‖ ́ ◡ ́ ◡ ́ ◡ zeigt zwei Hälften mit je 3 Hebungen, die erste in steigendem, die zweite in fallendem Rhythmus; doch verstattete die freie Behandlung der Senkungen von diesem Schema mannigfache Abweichungen. Aus der Literatur wurde der vielgestaltige Vers später durch die griechischen Maße verdrängt; im Munde des Volkes bestand er noch lange fort.

Aus den ältesten Zeiten der Stadt stammten die carmina Saliaria oder axamenta (Anrufungsformeln), von der Priesterschaft der Salier bei ihren im März und Oktober zu Ehren des Mars (Quirinus) stattfindenden Umzügen zur Begleitung ihres Waffentanzes gesungene Litaneien; ihre Sprache war so altertümlich, daß sie später von den Priestern selbst nicht mehr verstanden wurden, und ihre Deutung schon um 100 v. Chr. Gegenstand gelehrter Forschung bildete, der wir einige Überreste verdanken. Erhalten ist uns das ebenfalls uralte Rituallied der Flurbrüder (fratres arvales), welches diese Genossenschaft bei ihrem Hauptfest, dem Ofper des Mars, später der Dea Dia im Mai, gleichfalls unter feierlichem Tanz (*tripudium*) sang.

Auch eine Spruchpoesie mannigfachen Inhaltes (Weissagungen, Zaubersprüche, Lebensregeln usw.) gab es von alters her. Ebenso fehlte es bei den Römern an Keimen epischer Dichtung nicht. So wird berichtet, daß vormals beim Gastmahl alte Lieder zum Preise berühmter Männer der Vorzeit von den Gästen im Rundgesang oder von Knaben mit oder ohne Flötenbegleitung vorgetragen wurden. Hierher gehören auch die Hohnverse gegen Mißliebige sowie die von den Soldaten beim Triumph gesungenen, oft mit derben Anzüglichkeiten auf den Feldherrn gewürzten Lieder; ferner die nenia, das Totenlied, welches von der praefica, der gedungenen Klagefrau, zum Lobe der Verstorbenen angestimmt wurde. Die vielfach in metrischer Form abgefaßten tituli imaginum (elogia) sind schon durch das griechische Epigramm beeinflußt sowie die vorhandenen älteren Inschriften des Scipionengrabmals.

Bis in die ältesten Zeiten gehen auch die kunstlosen, volksmäßigen Anfänge dramatischer Darstellungen zurück: die versus fescennini, die satura (?) und die atellana. Die erstgenannten, deren Name bald von *fascinum* (vgl. τὰ φαλλικά), bald von dem faliskischen Fescennium abgeleitet wird, woher man den Brauch entlehnt haben sollte, das aber vielleicht den Späßen als Folie diente, sang man namentlich bei Hochzeiten und ländlichen Volkslustbarkeiten; sie waren voll ausgelassener Neckereien und derber Anzüglichkeiten und blieben bis in die spätesten Zeiten in Gebrauch. — Auch der Ursprung der Bezeichnung satura ist streitig. Während sie von manchen von dem griechischen σάτυροι hergeleitet und darunter das Scherzspiel der als Böcke verkleideten Landleute verstanden wird, sehen andere darin ein ursprüngliches lateinisches Wort, welches ein buntes Gemisch bedeutet, und betrachten die satura als eine Verbindung von Dialog, Tanz und Flötenbegleitung. Noch andere bezweifeln wohl mit Recht die saturae als szenische Darstellungen, wie der Historiker Livius VII 2 rhetorisiere, und wollen das Wort auf vermischte Gedichte (s. § 8) beschränkt sehen. — Die oskische Posse (*oscus ludus*) oder die Atellana (so benannt nach dem oskischen Atella in Kampanien) wurde aus Kampanien nach Rom verpflanzt und hier von maskierten römischen Jünglingen zur Aufführung gebracht. Die Eigentümlichkeit dieser Posse waren die feststehenden nur männlichen Rollen, die sogenannten personae oscae, wie Maccus, der dämliche Spaßmacher, Bucco (Pausback), der Großschnauz, Pappus, der geizige, eingebildete, oft geprellte Alte, Dossennus (*dorsum*), der bucklige Philosoph oder Schulmeister. Um diese Charaktermasken gruppierte sich die Posse, die, gewiß höchst einfach in ihrer Anlage und nur im Umriß entworfen, von den Spielenden aus dem Stegreif durchgeführt wurde. In späterer Zeit (s. § 14) wurde dies wilde Gewächs auch kunstmäßig bearbeitet, ebenso wie der Mimus ($\varphi\lambda\acute{\upsilon}\alpha\xi$), eine aus dem griechischen Unteritalien stammende, aber schon früh in Rom heimisch gewordene possenhafte Darstellung des niederen Volkslebens.

Zu den ältesten Prosadenkmälern gehörten die **libri und commentarii der Priesterschaften**, namentlich der Pontifices, welche die Normen für den Gottesdienst und sein Ritual, auch die für die mannigfaltigsten Anlässe vorgeschriebenen Anrufungsformeln (indigitamenta), die von den Kollegien ergangenen Entscheidungen und Erlasse, die Protokolle (acta) über die Amtshandlungen und die Mitgliederverzeichnisse (alba) der Kollegien enthielten. Ähnliche Amtsbücher hatten die weltlichen Behörden.

Zu den Obliegenheiten der Pontifices gehörte auch die Feststellung des Jahreskalenders, fasti genannt nach seinem Hauptbestandteil, dem Verzeichnis der *dies fasti* und *nefasti*; darnach hießen auch überhaupt amtliche Verzeichnisse der Behörden *fasti*. Außerdem pflegte der pontifex maximus auf einer in der Regia, seinem Amtslokal, aufgestellten übergipsten Tafel (album), welche mit den Namen der eponymen Magistrate versehen war, denkwürdige Vorkommnisse des Jahres aller Art, neben Sonnen- und Mondfinsternissen, Prodigien, Mißwachs, Pest u. a., auch politische Ereignisse, kurz zu verzeichnen; diese Tafeln, die **annales pontificum**, wurden in der Regia aufbewahrt. Als diese Sitte ca. 123 v. Chr. aufhörte, wurden die vorhandenen Tafeln, von denen die aus der Zeit vor dem gallischen Stadtbrande summarisch aus der Erinnerung wieder hergestellt worden waren, zu einer Sammlung von 80 Büchern unter dem Titel annales maximi vereinigt. Aus dieser amtlichen Chronik stammt der Grundstock der vorhandenen Beamtenverzeichnisse, insbesondere der inschriftlich erhaltenen fasti Capitolini (so benannt nach ihrem jetzigen Aufbewahrungsorte), welche aus den Bruchstücken der zwischen 36 und 30 v. Chr. an der neuerbauten Regia angebrachten fasti consulares nud der später hinzugefügten fasti triumphales (Verzeichnis der Triumphe bis 19 v. Chr.) bestehen. — Historische Staatsurkunden gab es schon seit der Königszeit; jedoch hatten sich aus dem gallischen Stadtbrande nur einzelne gerettet, wie die Stiftungsurkunde des aventinischen Dianatempels, der Bundesvertrag des Tarquinius mit Gabii, vielleicht auch ein Handelsvertrag mit Karthago von 509 v. Chr. — Auch die einzelnen Geschlechter hatten ihre Familie betreffende Aufzeichnungen, jedoch von zweifelhafter Zuverlässigkeit, in den tituli der Ahnenbilder, den elogia der Grabmäler und den schon früh aufgeschriebenen Leichenreden (laudationes funebres). — Eine Sammlung angeblicher leges regiae, vorwiegend sakraler Natur, sollte bald nach der Vertreibung der Könige ein Pontifex Papirius veranstaltet haben, das sogen. ius Papirianum; doch handelt es sich um eine spätere Aufzeichnung alter Satzungen. — Das wichtigste Prosadenkmal, welches die Römer aus der alten Zeit besaßen, war ihr Stadtrecht, die auf Erztafeln geschriebenen leges XII tabularum, ausgearbeitet 451 und 450: *fons omnis publici privatique iuris*. Sie wurden daher schon in den Schulen auswendig gelernt. Ihre Fassung war ähnlich dem Gesetze von Gortyn auf Kreta eine knappe; dem Verständnis der altertümlichen und dunklen Ausdrücke mußte man schon frühzeitig durch Kommentare zu Hilfe kommen. Nur Fragmente sind bei den alten Schriftstellern modernisiert erhalten (Cicero De legibus).

Als den ersten römischen Schriftsteller hat man zu betrachten den genialen Appius Claudius Caecus,

Censor 312, der sich auch auf praktischem und politischem Gebiete die größten Verdienste erworben hatte: von ihm gab es noch zu Ciceros Zeit die berühmte Rede gegen die Friedensanträge des Pyrrhus (280) und eine Spruchsammlung (sententiae) in Saturniern. Er beschäftigte sich auch mit der lateinischen Orthographie. Auf seinen Betrieb veröffentlichte Cn. Flavius das Verzeichnis der dies fasti sowie die Prozeßformulare (*legis actiones*), das sogen. ius Flavianum, und brach damit das Privilegium der Pontifices, die bisher die Kenntnis allein besessen hatten. Damit wurde aristokratische Willkür verhindert und zugleich der Entwickelung der Rechtskunde der Weg gebahnt. Als den ersten Rechtslehrer betrachten die Alten Tib. Coruncanius, Kons. 280, der seine Rechtsbescheide (*responsa*) öffentlich erteilte und daran juristische Belehrungen anknüpfte.

Von der eigentlichen römischen Literaturgeschichte unterscheiden wir vier Perioden:
1. **Vom Ende des ersten punischen Krieges bis zur Zeit der Bürgerkriege (ca. 240—90 v. Chr.): die Anfänge der römischen Kunstliteratur.**
2. **Von den Bürgerkriegen bis zum Tode des Augustus (ca. 90 v. Chr. — 14 n. Chr.): das goldene Zeitalter.**
3. **Vom Tode des Augustus bis auf Hadrian (14—117 n. Chr.): das silberne Zeitalter.**
4. **Von Hadrian bis zum Untergange des weströmischen Reiches (117—476 n. Chr.).**

Erste Periode.

Vom Ende des ersten punischen Krieges bis zur Zeit der Bürgerkriege (ca. 240—90 v. Chr.): die Anfänge der römischen Kunstliteratur.

§ 3. Schon seit den ältesten Zeiten hatten mannigfache Berührungen der Römer mit dem Griechentum, namentlich Unteritaliens und Siziliens, stattgefunden. von den Griechen in Cumae erhielten die Römer ihr Alphabet; griechische Religionsvorstellungen drangen früh in Rom ein, besonders durch die griechisch abgefaßten Sibyllinischen Orakelspruche; fur die Gesetzgebung der XII Tafeln ist griechischer Einfluß bezeugt. Die Einverleibung der griechischen Staaten Italiens durch den tarentinischen und eines Teiles des griechischen Siziliens durch den ersten punischen Krieg führte zahlreiche Griechen nach Rom und mit ihnen ihre vollentwickelte Literatur. Daher konnten die heimischen literarischen Triebe nicht zur selbständigen Entwickelung kommen. Gleich nach dem ersten punischen Kriege begann, zunächst in Form von Übersetzungen und Nachbildungen, die Einführung griechischer Literaturwerke in Rom, also früher als der Dichter Porcius Licinus (ca. 100 v. Chr.) die Muse beschwingten Fußes ihren Einzug ins wilde Römervolk halten läßt:

Punico bello secundo Musa pinnato gradu
Intulit se bellicosam in Romuli gentem feram.

Mit den immer häufigeren und engeren Berührungen mit dem hellenistischen Osten infolge der politischen Ereignisse der Folgezeit (167 kamen 1000 vornehme Achäer, darunter Polybius, als Geiseln, 155 die Philosophen Karneades,

Diogenes, Kritolaus als athenische Gesandte nach Rom) steigerte sich das Interesse für die griechische Bildung, zunächst vorwiegend in den höheren Ständen. Vergebens tritt der zivilisatorischen Gemeinschaftsidee das Altrömertum entgegen: Cato selbst lernt noch im Alter Griechisch. Besonders nach dem Fall von Korinth (146) drang das Griechentum unaufhaltsam ein, die griechische Bildung wurde allgemein verbreitet und half das ästhetische Gefühl der Römer, die Ausdrucksfähigkeit der lateinischen Sprache ausbilden. So wurde die römische Literatur von der griechischen abhängig: *Graecia capta ferum victorem cepit* (Hor. ep. II 1, 156), und ihre Geschichte ist eigentlich nur „die Geschichte von der Aus- und Umbildung der aus der griechischen Literatur herübergekommenen Gattungen". Aber gerade diese produktive Aneignungsfähigkeit der Römer war anderseits die Hauptursache für den Erfolg ihrer Weltmachtpolitik.

In der Poesie wird während dieser archaischen Periode vorzüglich das der Schaulust der Menge dienende Drama gepflegt; ihm zur Seite stellt sich zunächst das Roms Geschichte feiernde Epos. In der Prosa entwickelte sich besonders die patriotische Geschichtschreibung und die Beredsamkeit.

A. Poesie.

§ 4. Drama. Das römische Kunstdrama ist eine freie Übertragung griechischer Originale. Auch als man anfing, in Tragödie und Komödie nationale Stoffe zu bearbeiten, schloß man sich eng an die griechische Form an. — Bei beiden Gattungen bestand innerhalb der einzelnen Stücke der Unterschied zwischen diverbium, dem bloß gesprochenen Dialog in Senaren, und canticum. Unter Begleitung der von einem *tibicen* geblasenen Doppelflöte wurden die trochäischen und jambischen Langverse rezitativisch vorgetragen, die lyrischen Maße (Kretiker, Bacchien, Anapäste u. a.) wirklich gesungen (eigentliches canticum). Die durch die Handlung gegebenen Zwischenpausen füllte Musik aus, in der Tragödie, wie es scheint, Chorgesang, in der Komödie Flötenspiel. Im Gegensatz zu den Griechen war die Zahl der Schauspieler nicht beschränkt, und spielten diese anfangs in Perücken, nicht mit Masken, die erst um 125 v. Chr. aufkamen. Dagegen wurden nach griechischer Sitte auch die Frauenrollen von Männern gespielt; erst der Mimus brachte hierin eine Änderung.

Der tragoedia im engeren Sinne (auch crepidata, von crepida = cothurnus), welche ihre Stoffe der griechischen Sage entnimmt, steht gegenüber die nationale praetexta (praetextata, von der toga praetexta), deren Helden und Stoffe der römischen Geschichte angehören. Letztere hat sich jedoch zu wirklicher Bedeutung nicht entwickelt. Überhaupt sagte die Tragödie dem großen römischen Publikum weniger zu als das Lustspiel, in dem nicht nur die Produktion erheblich die der Tragödie übertraf, sondern sich auch eine kräftigere nationale Entwickelung entfaltete. Denn auch die comoedia scheidet sich in zwei Gattungen, indem sich der in Form und Inhalt, namentlich in bezug auf die schablonenhaft wiederkehrenden Charaktere und Situationen, der neueren griechischen Komödie nachgebildeten palliata (von pallium, dem griechischen ἱμάτιον) die togata gegenüberstellt, die im Lande der togati, d. h. in Rom oder den italischen Landstädten, spielte, auch tabernaria genannt, insofern sie das Leben der in bescheidener Hütte (taberna) lebenden kleinen Leute zur Darstellung brachte.

Die regelmäßigen Aufführungen fanden anfangs nur an den ludi romani im September statt, bald aber auch an den ludi plebei im November, dann auch an den ludi Apollinares im Juli und an den Megalenses im April; dazu kamen noch zahlreiche außerordentliche bei Begräbnissen (ludi funebres), Triumphen usw. Aus sehr unscheinbaren Anfängen sich entwickelnd, erforderten sie schließlich ein immer größeres Schaugepränge, je mehr es Sitte wurde, durch glänzende Ausstattung der Spiele sich dem Volke zu empfehlen. — Anfangs wurden die Bühne (*scaena*) und ein Zuschauerraum mit Sitzreihen (*cavea*), in denen seit

194 die Senatoren einen Ehrenplatz erhielten, fur jede Festfeier aus Holz hergestellt. Seit 174 gab es eine steinerne Bühne fur die vier großen Buhnenfeste, während seit 154 auf Antrag von Scipio Nasica das Aufstellen von Sitzreihen eine Zeitlang uberhaupt verboten war. Das erste stehende Theater mit steinernem Zuschauerraume erbaute 55 Pompejus, Riesentheater erbauten 13 v. Chr. Cornelius Balbus und Marcellus.

§ 5. Der erste als bestimmte Persönlichkeit uns entgegentretende Dichtername ist der des L. Livius Andronicus, ca. 280—207 v. Chr. Ein Grieche von Geburt, geriet er wahrscheinlich bei der Einnahme von Tarent (272), wo Rhinton (um 300) die Tragödientravestie begründet hatte, in Gefangenschaft und kam so in das Haus eines vornehmen Romers M. Livius, dessen Kinder er unterrichtete, und von dem er dann freigelassen wurde. Später lebte er in Rom vom Unterricht, übertrug auch fur seine Schuler die Odyssee (Odusia) in lateinische Saturnier (Anfang: *Virum mihi, Camena, insece versutum*). Die Übersetzung war ungelenk, blieb aber als Schulbuch in Rom noch lange in Ehren; noch Horaz erzählt (ep. II 1, 69), daß ihm sein gestrenger Lehrer Orbilius (s. § 30) daraus vorgesprochen habe. Außerdem war er Bahnbrecher fur das Kunstdrama. Er verfaßte nach griechischen Vorbildern eine Anzahl Komödien und besonders Tragödien (namentlich aus dem troischen Sagenkreise). 240 fuhrte er das erste zusammenhängende lateinische Theaterstuck in Rom auf und fand damit so großen Beifall, daß Bühnenspiele fortan in den regelmäßigen Kreis der Festdarstellungen aufgenommen wurden. Als er 207 im Auftrage des Staates einen Bittgesang an Juno fur eine Jungfrauenprozession zur Suhnung eines Prodigium gedichtet hatte, erhielten die Schauspieler (histriones) und Dichter (scribae) das Recht, ein Kollegium zu bilden und den Minervatempel auf dem Aventin als stehenden Versammlungsort und gottesdienstliche Stätte zu benutzen.

§ 6. Cn. Naevius, ca. 270—201, aus Kampanien, kämpfte im ersten punischen Kriege mit. Er war ein kraftvoller, freimutiger Charakter und zog sich durch beißenden Witz und rücksichtslose Angriffe auf Adlige namentlich den Haß der Meteller zu (auf seinen Spottvers im saturnischen Metrum *Fató Metélli Rómae fiunt cónsulés* erhielt er von Metellus, Kons. 206, die Antwort: *Malúm dabúnt Metélli Naévió poétae*)· der patriotische Dichter kam ins Gefängnis, aus dem ihn zwar die Volkstribunen befreiten, nachdem er in zwei während der Haft gedichteten Komödien Abbitte geleistet, doch trieb ihn der Groll der Adligen in die Verbannung nach Utica, wo er starb.

Seit 235 war er in Rom mit Theaterstücken aufgetreten, vorzugsweise mit kecken Komödien, in denen er sich von den griechischen Vorbildern unabhängiger zu halten wußte, z.B. 2 Originale zusammenarbeitete (Kontamination), aber auch mit Tragödien: in mehreren behandelte er speziell vaterländische Stoffe (sogar aus der Zeitgeschichte in dem Clastidium betitelten Stuck, das den Sieg des Marcellus über Virdomarus, 222, feierte), und wurde so der Schöpfer des historischen Schauspiels, der praetexta. Ebenso begründete er hochbetagt das Nationalepos durch sein Bellum Poenicum: es war in Saturniern geschrieben und zählte in der Art von Annalen nach einer die Vorgeschichte Roms und Karthagos behandelnden Einleitung die lange Reihe der Kämpfe des ersten punischen Krieges auf. In der später von einem Grammatiker Lampadio vorgenommenen Einteilung des Werkes in 7 Bücher begann das eigentliche Thema erst mit dem dritten Buche. So zeigt Naevius in mehrfacher Beziehung einen wesentlichen Fortschritt gegen Livius.

§ 7. T. Maccius Plautus, ca. 254—184, aus Sarsina in Umbrien, niedriger Herkunft und arm, gelangte fruh nach Rom und lebte hier zuerst in einer Beschäftigung beim Theater. Mit seinen Ersparnissen machte er außerhalb Roms Handelsgeschäfte, büßte hierbei sein Geld wieder ein und mußte, von allen Mitteln entblößt, bei einem Muller in Dienst treten. Nebenher dichtete er seine drei ersten Komödien, mit denen er solchen Beifall errang, daß er sich fortan der Tätigkeit eines Komödiendichters widmete, der er bis in sein Greisenalter treu blieb. Von 130 Stücken, die unter dem Namen des Plautus gingen, erkannte der gelehrte Varro nur 21 als unzweifelhaft echt an, und diese sind uns erhalten mit Ausnahme der bis auf wenige Reste verloren gegangenen Vidularia, des letzten Stückes der (im allgemeinen) alphabetisch geordneten Sammlung. Ihre Namen sind: 1. Amphitruo, eine Travestie aus der Mythologie; die Komik liegt in den beständigen Verwechselungen von Juppiter-Amphitruo und Merkur-Sosia; 2. Asinaria, Demophilus' Ὀναγός, die Eselskomödie, die Unterschlagung des Erlöses von einem Eselsverkauf durch zwei Sklaven zugunsten ihres verliebten jungen Herrn; 3. Aulularia, die Topfkomödie, die Nöte eines Geizhalses um seinen in einem Topfe verborgenen Goldschatz, nachgeahmt in Molières L'Avare: das Muster einer Charakterkomödie; 4. Captivi, die Gefangenen, ein ernsteres Familienstück von der Wiederauffindung eines als Kind geraubten Sohnes; 5. Curculio, betitelt nach dem gleichnamigen Parasiten, der durch den Diebstahl eines Ringes die Wiedererkennung zwischen einer als Kind geraubten Schwester und ihrem Bruder herbeiführt; 6. Casina, das Mädchen von Kasos (auch Consortientes), Diphilus' Κληρούμενοι, ein burleskes Stück, benannt nach einem Mädchen, um dessen Besitz als Frau zwei Sklaven losen, das aber schließlich als Tochter freier Eltern erkannt wird; 7. Cistellaria, die Komödie vom Kästchen, dessen Inhalt die Wiedererkennung einer ausgesetzten Tochter ermöglicht; 8. Epidïcus, nach der Hauptrolle, einem ränkevollen Sklaven, betitelt, ein verwickeltes Stück: die Lösung der Wirrnisse bringt die Erkennung einer außerehelichen Tochter; 9. Bacchides, Menanders Δὶς ἐξαπατῶν, ein Hetärenstück: die Hauptrolle spielen nicht die im Titel genannten gleichnamigen Schwestern, sondern ein Sklave Chrysălus, der seinen alten Herrn zugunsten des jungen zweimal hintereinander betrügt; 10. Mostellaria, Philemons Φάσμα, die Täuschung eines aus der Fremde heimkehrenden Vaters durch eine Gespenstergeschichte, damit er seinen leichtsinnigen Sohn nicht beim Gelage überrascht; 11. Menaechmi, die beständig verwechselten Zwillingsbruder, die sich nach der Trennung in früher Jugend wiederfinden, das Vorbild von Shakespeares Komödie der Irrungen. 12. Miles gloriosus, griech. Ἀλαζών, der um seine Geliebte betrogene Bramarbas, um 205 aufgefuhrt, nachgebildet in Gryphius' Horribiliscribifax; 13. Mercator, Philemons Ἔμπορος, die Liebesgeschichte des jungen Kaufmanns Charinus, dessen Geliebte sich sein Vater aneignen will; 14. Pseudŏlus, aufgeführt 191, benannt nach einem Sklaven, durch den ein Kuppler trotz vorheriger Warnung geprellt wird; 15. Poenulus, griech. Καρχηδόνιος, benannt nach einem Punier, der seinen Neffen und seine beiden Töchter, die als Kinder aus Karthago geraubt sind, wiederfindet, mit zweifachem Schluß; 16. Persa, Prellung eines Kupplers durch einen als Perser verkleideten Sklaven, ein Stück der mittleren attischen Komödie; 17. Rudens nach Diphilus, der Strick eines nach einem Schiffbruch aufgefischten Koffers, dessen Inhalt die Wiederauffindung einer als Kind verlorenen Tochter herbeiführt; 18. Stichus, Menanders Ἀδελφοί, aufgefuhrt 200, betitelt nach einem Sklaven, der mit einem anderen Sklaven die Heimkehr aus der Fremde, wohin sie zwei Brüder begleitet haben, durch ein Gelage feiert; 19. Trinummus, Philemons Θησαυρός, aufgeführt nach 194, ein ernstes Familienstück, die drei Groschen, die ein Sykophant fur Bestellung eines Briefes erhalten hat, richtiger der Brautschatz, nachgeahmt von Lessing in seinem „Schatz"; 20. Truculentus, ein Hetärenstück, benannt nach einer Nebenperson, einem brummigen Sklaven, der sich schließlich zur Liederlichkeit verführen läßt; 21. Vidularia, Diphilus' Σχεδία, Kofferkomödie, verwandten Inhalts wie der Rudens. Zu 15 Stücken sind Prologe oder Prologenreste noch vorhanden.

Die besten unter diesen Singspielen sind Aulularia, Captivi, Menaechmi, Mostellaria, Pseudolus, Trinummus. Alle diese Palliatae bewegen sich, abgesehen vom Amphitruo, in der Sphäre des gewöhnlichen Lebens. Überwiegend sind es Intrigenstücke. Mancherlei Spuren weisen auf eine rasche Produktion hin. Wie Naevius und Ennius hat Plautus bisweilen Kontaminationen vorgenommen, z. B. den Miles aus 2 Stücken verarbeitet, ohne sich wie Terenz zu bemuhen, die verschiedenen Bestandteile mit bewußter Kraft zu verschmelzen. Überhaupt ist die Anlage seiner Stücke locker und zeigt in der Ausfuhrung Mängel, wie Widerspruche und Vergeßlichkeiten. Er vergröbert die Originale und, während er unbekummert um das Verständnis des großen Publikums aus seinen Vorlagen griechische Dinge beibehält, unterbricht er auch die dramatische Illusion und läßt unbefangen viel Römisches einfließen. Den Mängeln stehen aber große Vorzüge gegenüber: die packende Komik der Situationen, der gesunde, wenn auch bisweilen zotige Witz, die allerdings oft derb aufgetragene Zeichnung der Charaktere nach dem Leben, der lebhafte Dialog, in bezug auf den ihm Varro die Palme unter den Fachgenossen zuerkannte. Dazu die mit Frische und Freiheit gehandhabte, an kräftigen, bezeichnenden Ausdrucken, glucklichen Neubildungen, Wortspielen, Alliterationen reiche Sprache des Alltaglebens, nur leise durch das Griechische und den Zwang des Metrums beeinflußt, die der gelehrte Aelius Stilo so bewunderte, daß er meinte, wenn die Musen lateinisch sprechen wollten, wurden sie in Plautinischer Sprache geredet haben. Bedeutend ist Plautus auch als Metriker: seine Monodien und Liedszenen, eine Fortbildung euripideischer und hellenistischer, dramatischer Gesangslyrik weisen eine Fülle verschiedenartigster Formen auf, die er sehr gewandt beherrscht. Daß ihm so viele Stücke fälschlich zugeschrieben wurden, beweist, wie angesehen sein Name war. Auch wurden noch lange nach seinem Tode Stücke von ihm aufgefuhrt. Für solche späteren Aufführungen sind mancherlei Umarbeitungen vorgenommen worden, wie noch Spuren in unserem Texte, z. B. im Casinaprologe, erkennen lassen. Mit dem Beginn der grammatischen Studien in Rom wandte sich ihm die Tätigkeit der Gelehrten zu; besonders hat sich Varro mit ihm beschäftigt, die Ausgabe des Probus liegt uns vielleicht vor. Seit der augusteischen Zeit wurde er vernachlässigt, weil er den gesteigerten Kunstanforderungen nicht entsprach; zu um so höheren Ehren kam er im 2. Jahrh. n. Chr. durch die archaistische Richtung. Aus dieser Zeit stammen die erhaltenen metrischen Inhaltsangaben (argumenta), und zwar akrostichische zu sämtlichen Stucken außer Bacchides und Vidularia und funf nicht akrostichische (Amphitruo, Aulularia, Mercator, Miles, Pseudolus: wohl von Sulpicius Apollinaris). Etwa im 4. Jahrh. hat ein Afrikaner eine Art Umarbeitung der Aulularia unter dem Titel Querolus in rhythmisierender Prosa verfaßt.

§ 8. Q. Ennius, 239—169, ein Messapier aus Rudiae in Kalabrien, aus griechischem Kulturgebiet (*semigraecus*), wurde in Sardinien, wo er im römischen Heeer diente, mit dem Quästor Cato, dem späteren Censorius, bekannt und von diesem 204 nach Rom mitgenommen. Hier lebte er auf dem Aventin von griechischem Unterricht und literarischen Arbeiten, durch die er sich die Gunst angesehener Männer, wie der Scipionen, erwarb. Fulvius Nobilior nahm ihn 189 nach Ätolien als dichterischen Kriegsberichterstatter mit, und dessen Sohn verschaffte ihm 184 das römische Burgerrecht. Ennius starb an der Gicht, die er sich durch seine Neigung zum Weintrinken zugezogen haben sollte: mit Wein pflegte er sich zu dichterischem Schaffen anzuregen. Die Scipionen sollen den Dichter, der die Taten ihres Geschlechts verherrlicht, noch dadurch geehrt haben, daß sie in ihrem Grabmal neben den Marmorbildsäulen des P. und L. Scipio auch die des Ennius anbringen ließen, was eine Fabel ist.

Seine schriftstellerische Tätigkeit war vielseitig. Er war auf dem Gebiete der Tragödie fruchtbar und erfolgreich; noch in Ciceros Zeit wurden seine Stucke gern gesehen. Meist waren es freie Übertragungen griechischer Vorlagen, namentlich nach Euripides (z. B. Andromeda, Hecuba, Iphigenia, Medea u. a.), dessen Weltweisheit ihm besonders zusagte; aber auch auf dem Gebiet der praetexta war er tätig (Sabinae, Raub der Sabinerinnen, vielleicht auch Ambracia, Verherrlichung der Eroberung dieser Stadt durch Fulvius). Weniger bedeutend scheinen seine Komödien gewesen zu sein, wie denn der literarhistorische Dichter Volcacius Sedigitus (ca. 100 v. Chr.) ihm in seinem Kanon unter 10 Komöden den letzten Platz anweist.

War Ennius als Dramatiker nur Fortsetzer und Förderer einer von anderen begründeten Gattung, so wurde er durch sein Hauptwerk, die Annales, der Vater der römischen Kunstpoesie. Naevius hatte in seinem Bellum Poenicum die Ereignisse schlicht und in dem heimischen Saturnier geschildert; der Halbgrieche Ennius nahm sich Homer zum Muster, nicht nur in der poetischen Technik, sondern auch im Metrum durch Einführung des Hexameters (*versus longus*), wodurch er den größten Einfluß auf die Entwickelung der lateinischen Metrik ausgeübt hat. Während der nationale Saturnier mit der Zeit verschwand, gestaltete sich der Hexameter zum Normalvers, durch dessen Übung sich die Dichter allmählich im Gegensatz zu gewissen von den Begründern der szenischen Poesie aus der Umgangssprache übernommenen Freiheiten in der Behandlung natur- und positionslanger Silben an strenge Beobachtung der Silbenwerte und überhaupt an genauere Nachbildung der griechischen metrischen Technik gewöhnten. Dadurch wurde die lateinische Dichtung auch zur Aufnahme weiterer Kunstformen der griechischen Literatur befähigt. Die 18 gruppenweise verfaßten und veröffentlichten Bucher der Annales behandelten in chronologischer Folge die römische Geschichte von Aeneas' Ankunft an bis auf die Gegenwart herab: I—III die Königszeit; IV—VI von der Gründung der Republik bis zur Besiegung des Pyrrhus; VII der erste punische Krieg (kurz, weil schon von Naevius behandelt); VIII—IX der zweite punische Krieg; X—XII die Kriege mit Makedonien; XIII—XIV Krieg mit Antiochus; XV Feldzug des Fulvius in Ätolien; XVI—XVIII die Folgezeit. Erhalten ist von dieser Dichtung, an der Ennius noch in seiner letzten Lebenszeit arbeitete, nur ein Trummerrest, 628 Verse und Versteile. Metrum und Sprache sind ungleichmäßig: neben schlechten, lahmen Versen und unpoetischen, trivialen Stellen, auch kindischen Wort- und

Buchstabenspielereien findet sich in Gedanken, Metrum und sprachlichem Ausdruck das Herrlichste. Von seinem Selbstbewußtsein zeugt ein Fragment aus einer anderen Dichtung, in dem er sich also begrüßen läßt: *Enni poeta, salve, qui mortalibus Versus propinas flammeos medullitus.* Ihm entsprach das Ansehen, in dem sich sein Epos bis ans Ende der Republik erhielt: es wurde den Homerischen Dichtungen zur Seite gestellt, öffentlich vorgelesen, kommentiert, von Lucrez, Virgil und Horaz benutzt, von Varro und Cicero eifrig studiert und zitiert, es war uberaus populär und in Sprache und Versbau maßgebend. Erst durch Virgils Aeneis wurde es allmählich aus seiner Stellung als Nationalepos verdrängt, ohne daß es in Vergessenheit geriet. So wenig es auch den Anforderungen der ausgebildeten Kunst entsprach, erkannte doch selbst ein Ovid die Größe des Geistes an, der es geschaffen. Schön vergleicht es Quintilian mit einem durch sein Alter geheiligten Hain, dessen gewaltige uralte Eichen weniger den Eindruck der Schönheit als der Andacht erwecken. Lebhaftes Interesse wandte ihm die altertumelnde Richtung im 2. Jahrh. zu, wo Leute wie Hadrian diesen Hauptrepräsentanten der archaischen Epoche sogar dem Virgil vorzogen.

Außer dem Hexameter hat Ennius auch das elegische Distichon in die römische Literatur eingefuhrt, wie vier erhaltene **Epigramme** bezeugen, und in einem **Sota** (Kurzform von Sotades) betitelten Gedicht (kinädologisch) das ionische Versmaß. Ferner gab es von ihm **Saturae**, Gedichte in verschiedenen Versmaßen und gemischten Inhalts, in 4 oder 6 Büchern. Eine Vorstufe der Annalen war ein episches Gedicht **Scipio**, auf das Horaz c. IV 8 anspielt; Bearbeitungen griechischer Werke: **Epicharmus** (naturphilosophisch), **Protrepticus** (moralphilosophisch), **Euhemerus** (rationalistische Mythendeutung: wohl prosaisch, benutzt von Lactantius), **Hedyphagetica** („Delikatessen", gastronomischen Inhalts, nach der Ἡδυπάθεια des Archestratus von Gela). — Ennius war Freigeist und ein ungewöhnliches Formtalent. Wollte Naevius die aufblühende Literatur nationalisieren, so hat Ennius sie hellenisiert.

§ 9. M. Pacuvius, 220 — ca. 130, aus Brundisium, der Schwestersohn und Schüler des Ennius, war in Rom zugleich als Maler und Dichter tätig und trat noch 80jährig gegen den viel jungeren Accius in die Schranken; schon schwer krank kehrte er nach Kalabrien zurück und starb in Tarent. Außer Tragödien nach griechischen Mustern hat er auch eine praetexta Paulus verfaßt, die wohl den Pydnasieger feierte. Von ersteren ist uns nur die geringe Zahl von 12 Titeln überliefert; seine poetische Tätigkeit scheint wegen der Ausübung seiner zweiten Kunst eine beschränkte gewesen zu sein. Er schloß sich den großen Tragikern an, bearbeitete aber auch neue Sagenstoffe aus hellenistischen Quellen mit einer Vorliebe für spannende Intrigen, die zu uberraschenden Lösungen führen. Seine Dramen, die sich bis ans Ende der Republik auf der Bühne hielten, und von denen besonders beliebt Antŏpa (nach Euripides, mit Chor), Chryses und Teucer waren, mussen sehr wirkungsvoll gewesen sein nach Inhalt wie Stil, dessen von Varro geruhmte üppige Fülle freilich, wie die Fragmente zeigen, manchmal in Schwulst ausartete. Den Kunstrichtern der republikanischen Zeit galt er für den bedeutendsten Tragiker neben Accius; Cicero nennt ihn wie diesen *summus poeta*. Auch die Kritiker in der Zeit des Horaz stellten ihn nur in Vergleich mit Accius und rühmten ihn diesem gegenüber als *doctus* wegen seines Verständnisses der griechischen Kunstform.

§ 10. L. Accius, 170 — ca. 86, aus Pisaurum in Umbrien, Sohn eines Freigelassenen, führte die Tragödie auf die höchste Stufe in Rom und nahm auch in der römischen Gesellschaft dieser Zeit eine angesehene Stellung ein, die er mit Selbstgefühl zu behaupten wußte. Er trat zuerst 140 im Wettkampf mit Pacuvius auf, mit dem er sonst befreundet war; noch nach 36 Jahren war er fur die Buhne tätig. Er war ein sehr fruchtbarer Dichter; wir kennen Titel von etwa 45 seiner Tragödien (darunter Atreus, woraus *Oderint, dum metuant*), in denen er meist im Anschluß an die großen Tragiker alle großen Sagenkreise behandelte, namentlich den troischen, der allein mit 14 Stücken vertreten ist. Auch zwei praetextae verfaßte er: Brutus, den Vertreiber der Könige, feiernd, und Aeneadae vel Decius, eine Verherrlichung des Opfertodes des jüngeren Decius Mus bei Sentinum 295. Nach Angabe der Alten zeigte er in seinen Dramen hohen Schwung (altus nennt ihn Horaz) und leidenschaftlichere Kraft als Pacuvius. Auch seine Stücke wurden noch lange nach seinem Tode aufgeführt, da mit ihm die Produktion fur die tragische Bühne fast erlischt. Außerdem war Accius auch nach dem Vorbild eines Kallimachus auf dem Gebiete der didaktischen Poesie tätig: u. a. verfaßte er, wohl in menippeischer Form (s. § 29), unter dem Titel Didascalica mindestens 9 Bücher mit allerlei Notizen über griechische und römische Dichtung unter besonderer Berücksichtigung des Dramas. Als Schriftreformer schrieb er z. B. statt *z* nur *s*, statt lang *i* nur *ei*, die andern langen Vokale verdoppelte er nach umbrischer Sitte.

§ 11. Statius Caecilius, ein geborener Insubrer, kam wahrscheinlich als Kriegsgefangener nach Rom und stand nach seiner Freilassung mit Ennius in Verkehr; er starb 168. Er verfaßte ungefähr 40 Komödien, indem er besonders Menander umbildete. Anfangs mißfielen seine Stücke, bis ihnen der Schauspieldirektor (*dominus gregis*) Ambivius Turpio einen durchschlagenden Erfolg errang. Jedenfalls erreichte er weder die derbe Kraft des Plautus noch die Feinheit des Terenz; doch wird seine Kunst in der eindrucksvollen Darstellung der Affekte gerühmt und ihm in bezug auf die straffe Führung der Handlung von Varro der Vorrang vor den anderen Komikern erteilt.

§ 12. P. Terentius Afer, 185 (oder 190?) — 159, ein Libyer aus Karthago, kam als Knabe nach Rom in den Besitz des Senators Terentius Lucanus, der ihm wegen seiner Begabung eine gute Erziehung geben ließ und später die Freiheit schenkte (zu seinem Sklavennamen nahm der Dichter dann den Familiennamen seines Gönners an). Er war mit den gebildetsten und mächtigsten Männern der Zeit, wie Laelius, dem jüngeren Scipio, dem Besitzer der griech. Bücherei des Königs Perseus, bei dem der Historiker Polybius und der Stoiker Panaetius verkehrten, und andern bekannt. Es verbreitete sich sogar das Gerücht, daß diese stille Mitarbeiter bei seinen Komödien wären. Auf einer Studienreise in Griechenland starb er. Erhalten sind alle seine nach den auf Varro (aus den acta aedilium) zurückgehenden Didaskalien 166—160 von Ambivius zur Aufführung gebrachten Komödien: 1. Andria, das Mädchen von Andros, das in Athen ihren Vater wiederfindet, aus Menanders Andria und Perinthia kontaminiert, mit zweifachem Schluß; 2. Heautontimorumenos nach Menander, der Selbstquäler, ein Vater, der seinen Sohn in die Fremde getrieben hat und sich aus Reue darüber allerlei Entbehrungen auferlegt, bis er ihn wieder hat; 3. Eunuchus nach Menander, kontaminiert mit dessen Κόλαξ, benannt nach einem als Eunuchen verkleideten Jüngling; von durchschlagendem Erfolge; 4. Phormio, betitelt nach einem schlauen Parasiten, der die Vereinigung der Liebenden bewirkt, nach Apollodors Ἐπιδικαζόμενος; 5. Hecyra nach Apollodor, die Wiedervereinigung der angeblich durch ihre Schwiegermutter verdrängten Gattin mit ihrem Gemahl; 6. Adelphoe (aufgeführt bei den Leichenspielen des Aemilius Paulus 160), zwei Brüder, welche sich schließlich überzeugen, daß ihre schroff entgegengesetzten Erziehungsmethoden nicht die richtigen sind; nach Menanders zweiten Ἀδελφοί, kontaminiert mit Diphilus' Συναποθνήσκοντες.

Alle diese Stücke tragen griechische Titel und sind überwiegend Menander nachgebildet. Nach dem Urteil Cäsars erreichte Terenz zwar dessen Feinheit und Zierlichkeit, aber nicht seine Kraft, daher er ihn den halbierten (*dimidiatus*) Menander nennt. Auch Cicero urteilt, er habe Menander mit gedämpften Affekten wiedergegeben. An Originalität steht er hinter dem freier schaffenden Plautus zurück; er hat nichts von dessen naturwüchsiger Kraft, Lebhaftigkeit und sprudelndem Humor. Auch dessen Reichtum an Versformen fehlt ihm: mit verschwindenden Ausnahmen beschränkt er sich auf jambische und trochäische Metra. Dagegen ist er ihm überlegen in der Kunst der

Anlage und Motivierung der Handlung und der ebenmäßigen Durchführung und Feinheit der Charakterzeichnung. Seine Komödie ist attischer geworden. Wie Plautus hat er sich Kontaminationen gestattet, aber die verschiedenen Bestandteile derart ineinander zu arbeiten verstanden, daß man ohne die vorhandenen bestimmten Angaben die Fugen kaum erkennen würde. Durchaus gewählt und rein ist seine Sprache, geradezu ein Muster der feinen Umgangssprache seiner Zeit. Wie alles Possenhafte, so meidet er auch sorgfältig alle gemeine Redeweise. Von Kunstgenossen (z. B. Luscius Lanuvinus, dem *malevolus poeta*) erfuhr er manche Anfechtungen, deren er sich in den Prologen zu seinen Stücken erwehrt; vom Publikum wurden seine Komödien (Hecyra erst nach zweimaligem Mißerfolg) beifällig aufgenommen. Das ganze Altertum hindurch wie im Mittelalter wurde er eifrig gelesen, auch in den Schulen. Die Grammatiker beschäftigten sich viel mit ihm; in der Kaiserzeit wurde er wiederholt kommentiert. Erhalten ist unter dem Namen des Aelius Donatus (s. § 100) zu den Stucken (außer dem Heautontimorumenos) eine wirre Scholienmasse, die aber wertvolle Notizen aus älteren Erklärungsschriften (Aemilius Asper), auch eine vita von Sueton enthält. Über die Inhaltsangaben des Grammatikers Sulpicius Apollinaris zu den Stücken s. § 89. Unter den Terenzhandschriften sind einige mit alten Bildern aus dem 5. Jahrh. versehen.

Von zahlreichen anderen Palliatendichtern dieser Zeit war der bedeutendste S. Turpilius, gest. 103. Wir kennen von ihm 13 griechische Komödientitel; die Sprache der erhaltenen Fragmente zeigt im Gegensatz zu Terenz viel Volksmäßiges und Altertümliches.

§ 13. Die palliata wurde allmählich immer mehr durch die togata verdrängt. Ihr nationales Wesen zeigen schon die erhaltenen Titel der Stucke, die fast ausschließlich lateinisch sind; sie lehren zugleich, daß das weibliche Element stärker hervortrat als in der palliata. Ausdrücklich bezeugt ist, daß den heimischen Verhältnissen entsprechend die Sklaven nicht wie dort ihren Herren uberlegen dargestellt werden durften. Der älteste Vertreter scheint Titinius gewesen zu sein, vielleicht ein älterer Zeitgenosse des Terenz; von den 15 überlieferten Titeln seiner Stücke tragen 9 Frauennamen. Nach Varro war er ausgezeichnet durch die Treue der Charakterzeichnung. Der Schauplatz der Handlung einzelner seiner Stücke waren nach den Titeln italische Kleinstädte, das Milieu das der kleinbürgerlichen Kreise.

Wie ihm erteilt Varro dem T. Quinctius Atta, gestorben 77, das Lob der treuen Charakterzeichnung; insbesondere wird seine Fertigkeit in der Darstellung der Redeweise von Frauen gerühmt. Noch in der Zeit des Horaz wurden Stücke von ihm aufgeführt und von den Anhängern der alten Richtung beifällig beurteilt.

Der bedeutendste und, nach den 40 erhaltenen Dramentiteln zu schließen, fruchtbarste Vertreter der Gattung war L. Afranius, dessen Blüte um 120 fällt. Die Titel weisen auf eine große Mannigfaltigkeit der Stoffe hin. Während Titinius und Atta einen mehr volkstümlichen Ton angeschlagen zu haben scheinen, schloß er sich wieder enger an die griechische Komödie an, besonders Menander, dem er manches entlehnt zu haben selbst in einem Prologe bekannte. In Horaz' Zeit wagten ihn manche dem Menander gleichzustellen; jedenfalls erkannten ihn auch noch spätere Kritiker als einen ausgezeichneten Dichter an. Von seinem Incendium wissen wir, daß es noch unter Nero aufgeführt wurde.

§ 14. Die Atellana (s. § 2) verläßt gegen Ende dieser Periode die kunstlose Improvisation und wird zur Literaturgattung erhoben; nach dem Vorbild des griechischen Satyrdramas dient sie als Nachspiel (exodium) bei Aufführungen von Tragödien; Maske und derbe Sprache bleiben. Die Hauptvertreter sind L. Pomponius aus Bononia und Novius, deren Blüte in die Zeit Sullas, um 90 v. Chr., fällt. Von Pomponius kennen wir gegen 70 Titel, von Novius über 40, doch waren die Stücke als Nachspiele von geringem Umfange. Die Titel lassen eine Fülle der verschiedensten Stoffe erkennen; viele enthalten schon die

Namen der stehenden Masken, einzelne weisen auf travestierte mythologische Stoffe hin (Agamemno suppositus, Marsyas, armorum iudicium, Phoenissae, Hercules coactor). Die Possenhaftigkeit des Inhalts war, wie die Fragmente zeigen, noch gewürzt mit persönlichen Angriffen, politischen Anspielungen und frechen Zoten. Pomponius wird als reich an Einfällen bezeichnet und als Meister im Spiel mit den verschiedenen Bedeutungen der Wörter. An Novius wird der Reichtum an beißenden Witzen geruhmt. In Cäsars Zeit durch den Mimus zuruckgedrängt, kam die Atellana unter Tiberius wieder zu Ehren und blieb noch lange ein beliebtes Volksspiel.

§ 15. Satire. C. Lucilius, geb. 180 als Latiner zu Suessa Aurunca, aus ritterlicher, begüterter Familie, durch seine Bruderstochter Großoheim des Pompejus, diente vor Numantia unter Scipio. Diesem wie Laelius trat er persönlich nahe, und in deren Kreisen, aber an der Politik unbeteiligt, fuhrte er ein geachtetes Leben. Er starb 102 zu Neapel.

Durch Lucilius wurde die satura zu einer neuen Dichtungsgattung umgeschaffen, der einzigen nicht von den Griechen entlehnten der römischen Literatur. Der Name bezeichnet fortan nicht mehr bloß eine Sammlung vermischter Gedichte, sondern eine Art ethisch-politischer Lehrdichtung, also sittliche, nationale Ziele verfolgend, meist in kritisch-polemischer und witzig-spottender Form, und in diesem Sinne wird Lucilius als Begründer der satura bezeichnet. Beeinflußt war er durch die altattische Komödie und die zynisch-stoische Popularphilosophie. Auch in der metrischen Form war er ausschlaggebend für die Folgezeit, indem er, statt der anfänglichen Mannigfaltigkeit der Metra (Jamben, Trochäen, elegisches Maß, Hexameter) auch innerhalb der einzelnen Bücher nach der Art des Ennius, später ausschließlich den Hexameter anwendete.

Der Inhalt seiner zu verschiedenen Zeiten veröffentlichten 30 Bücher Saturae (B. 26 das älteste), von denen zahlreiche, doch nur dürftige Trümmer (etwa 1350 Verse oder Versteile) aus einer nicht chronologischen Sammelausgabe eines Grammatikers erhalten sind, war ein überaus mannigfaltiger. Alle Erscheinungen des politischen, sozialen und wissenschaftlichen Lebens zog er in den Kreis seiner Erörterungen; auch seine eigenen Erlebnisse und seine Studien uber literarische, antiquarische, grammatische und orthographische Fragen brachte er zur Besprechung. Ernsten Tadel und schonungslosen Spott richtete er nicht nur gegen Laster und Verkehrtheiten der Zeit im allgemeinen, sondern auch gegen einzelne ohne Ansehen der Person, sogar mit Namensnennung (Accius, Meteller), doch wußte er auch wahres Verdienst warm zu würdigen. Seine Satiren müssen ein überaus treues und lebensvolles Bild der Zeit gegeben haben. Bei seinem lebhaften Temperament arbeitete er schnell und legte mehr Gewicht auf die Sache als auf die sprachliche und metrische Form. Seine Redeweise war unendlich mannigfaltig: tragische Parodie, Gassenton, feiner Konversationsstil mit griechischen Brocken. Als Lesepublikum wünschte er sich weder ein ganz ungebildetes noch ein allzu gebildetes. Wie in seiner eigenen Zeit, so waren auch in der Folge seine Satiren lange eine beliebte Lektüre; auch die Gelehrten kommentierten und bearbeiteten sie kritisch.

B. Prosa.

§ 16. Später als die Poesie kam die Prosa zur Entwickelung, und während die Ausbildung jener lange in den Händen von Fremden war, verdankt die Kunstprosa ihre Entstehung einem echten Römer und fand ihre Weiterentwickelung vorzugsweise durch vornehme Römer, wenn auch ebenfalls unter dem Einfluß der veredelnden griechischen Literatur.

Aus den dürftigen Aufzeichnungen der Annalen (s. § 2) entwickelte sich seit dem Ausgange des zweiten punischen Krieges die römische Geschichtschreibung. Der Einfluß der griechischen Vorbilder zeigte sich vornehmlich in dem Vorherrschen des rhetorischen Elements, besonders dem Einflechten von Reden. Auch hier machte der den Römern eigene praktische Sinn sich geltend; der leitende Gesichtspunkt war weniger die objektive Wahrheit als das patriotische Interesse, oft mit besonderer Hervorhebung der Verdienste der eigenen Familie auf Grund von Familienchroniken. Da die älteren Geschichtschreiber bis auf Sallust sich der annalistischen Form bedienten, so befaßt man sie gewöhnlich unter der Bezeichnung Annalisten. Meist wurde die Vorgeschichte von ihnen kurz behandelt; die Erzählung erweiterte und vertiefte sich aber, je mehr sie sich der Zeit des Verfassers selbst näherte.

Die ersten römischen Annalisten sind Q. Fabius Pictor, der nach der Schlacht bei Cannae (216) als Gesandter nach Delphi geschickt wurde, und L. Cincius Alimentus, 211 Prätor. Während sie die ältere römische Geschichte von Aeneas an summarisch behandelten, stellten sie die selbsterlebten Ereignisse ausfuhrlich dar. Beide schrieben der hellenischen Leser wegen griechisch, wie auch noch einige von den Annalisten der folgenden Zeit, wie A. Postumius Albinus (Kons. 151) und C. Acilius, der 155 einer athenischen Gesandtschaft als Dolmetscher beistand. Unter ihnen gilt Fabius, den Polybius und Diodor viel benutzten, fur die beste Quelle altrömischer Geschichte, wenn er sich auch nach dem Urteil des Polybius in der Darstellung des Hannibalischen Krieges der Parteilichkeit gegen die Gegner schuldig machte.

§ 17. Der Vater der römischen Kunstprosa und der erste lateinische Historiker ist M. Porcius Cato aus Tusculum, 234—149. Er machte den zweiten punischen Krieg mit, zuletzt in Sizilien und Afrika als Quästor des Scipio; 195 war er Konsul; 184 verwaltete er die Censur mit solcher Strenge, daß spätere Zeit ihm den Beinamen Censorius gab. Er war eine kernige, kräftige Natur, einfach in seinem Leben, knorrig im Umgange, eng in seinem politischen Horizonte, mit dem derben Witz und dem schlauen Egoismus des Bauern, dabei aber ein treuer Patriot, das Muster eines Römers von altem Schrot und Korn und in ehrlicher Überzeugung gegen die mit der modernen Bildung einreißenden Neuerungen und Mißbräuche in Religion, Politik und Gesellschaft für den mos maiorum, wenn auch vergeblich, sich ereifernd. Erst nachdem er auf den Schlachtfeldern seiner Pflicht gegen das Vaterland genügt, wandte er sich, ohne theoretische Vorbildung, der literarischen Tätigkeit zu und war fruchtbar auf den verschiedensten Gebieten.

Zunächst war er bedeutend als **Redner**: Cicero kannte mehr als 150 Reden von ihm, die er im Alter überarbeitet hatte, teils politische (am beruhmtesten pro Rhodiensibus), teils gerichtliche (er selbst war 44mal angeklagt, aber stets freigesprochen worden). Seine Redeweise war markig, schlagfertig, volkstümlich witzig, altertumlich, aber auch schon mit rhetorischem Aufputz. Sein Grundsatz dabei war: *rem tene, verba sequentur*, den Redner definiert er als einen *vir b o n u s dicendi peritus*.

Im Alter begann er ein umfassendes **historisches Werk**: Origines (Ursprunge) in 7 Büchern. Der Titel paßte nur auf die ersten 3, wohl zunächst besonders herausgegebenen Bucher, in denen er die Urgeschichte Roms und andrer italischer Gemeinden nach griechischen Mustern (Timaeus, Polemon) erzählte. Das 4. und 5. Buch enthielten die beiden ersten punischen Kriege; die letzten führten in immer breiterer Darstellung die Zeitgeschichte bis in das Jahr 149 fort; noch in seinen letzten Lebenstagen arbeitete er an dem siebenten Buche. Diese 4 Bücher scheinen erst nach seinem Tode herausgegeben und mit den 3 ersten unter gleichem Titel verbunden worden zu sein. Eine Eigentümlichkeit des Werkes war, daß es statt der Namen nur die Chargen der Feldherrn angab und allerlei Merkwürdigkeiten in geographischer und ethnographischer Hinsicht berücksichtigte. Cato benutzte die Quellen mit Kritik und trat in bewußten Gegensatz zu den bisherigen Geschichtschreibern, deren annalistische Form er grundsätzlich verwarf. In den letzten Büchern stellte er auch seine eigenen Verdienste in das rechte Licht, besonders durch Einschaltung von ihm selbst gehaltener Reden, während er Gegnern nicht immer Gerechtigkeit widerfahren ließ.

Ferner verfaßte er eine Art pädagogischer Enzyklopädie für seinen Sohn (ad filium), in knapper Form das für die Praxis Wissenswürdigste über Landwirtschaft, Redekunst, Medizin u. a. enthaltend. — Von einzelnen der hier behandelten Materien hatte er sich Handbücher angelegt. Ein wahres Juwel, zugleich die älteste erhaltene, freilich etwas modernisierte Prosaschrift, ist sein im Kommandoton schmucklos stilisiertes Haus- und Wirtschaftsbuch De agricultura. Das erste Drittel enthält Vorschriften für die Bebauung des Ackers (bes. Wein- und Ölbau) in den verschiedenen Jahreszeiten, die beiden anderen eine bunte Zusammenstellung von allerhand Ratschlägen für den Hausherrn (Kontrakte, Opfer, Rezepte, auch Beschwörungsformeln usw.). — Endlich gab es von ihm eine Sammlung von Briefen an seinen Sohn und von witzigen Aussprüchen (apophthegmata), auch ein Spruchbuch mit Lebensregeln (carmen de moribus).

§ 18. Das Beispiel Catos hatte die Wirkung, daß die römischen Geschichtschreiber der Folgezeit sich fast ausschließlich der lateinischen Sprache bedienten, während sich die von ihm bekämpfte annalistische Darstellung noch lange behauptete. Vertreter dieser Richtung waren L. Cassius Hemina, der älteste lateinisch schreibende Annalist und zur Zeit der Gracchen namentlich deren Gegner L. Calpurnius Piso Frugi (Kons. 133) mit pädagogischer Tendenz, Cn. Gellius und C. Fannius (Kons. 122). Der bedeutendste Historiker dieser Zeit war L. Coelius Antipater, der sich auf die Darstellung des Hannibalischen Krieges beschränkte und so der Begründer der historischen Monographie wurde. Auch zeigte er einige Quellenkritik und Darstellungskunst, doch brachte er auch zuerst das rhetorische Element durch Einschaltung von frei erfundenen Reden stark zur Geltung.

Sein jüngerer Zeitgenosse Sempronius Asellio, 134 Kriegstribun vor Numantia, hat als erster nur selbsterlebte Zeitgeschichte (bis ca. 91) geschrieben und war der erste römische Pragmatiker: er wollte nicht nur die äußeren Kämpfe, sondern auch die inneren Angelegenheiten, und zwar, wahrscheinlich nach dem Muster des Polybius, mit besonderer Rücksicht auf den ursächlichen Zusammenhang der Begebenheiten darstellen.

L. Cornelius Sisenna, Prätor 78, gest. 67, behandelte in seinen Historiae die Sullanische Zeit. Seine Darstellung war breit und geziert, auch schaltete er mit Vorliebe pikante Anekdoten ein, wie er auch die schlüpfrigen Erzählungen des Aristides von Milet (ca. 160) übersetzte. Sein Fortsetzer war Sallust in seinen Historiae.

Dagegen kehrten zu der Weise der früheren Annalisten zurück seine Zeitgenossen Q. Claudius Quadrigarius und Valerius Antias, die aus Unterhaltungssucht, Parteiinteresse und Familieneitelkeit ausschmückten, fabelten und fälschten. Claudius arbeitete die griechische Darstellung des Acilius von 390 an ins Lateinische um und setzte sie fort, Valerius vertrat in einer weitschweifigen Stadtchronik von mindestens 75 B. die Senatspolitik. Für die Plebejer nahm Partei C. Licinius Macer (gest. 66), den Aelius Tubero benutzte. Alle diese Novellisten sind Hauptquelle des Livius und Dionysius v. Halikarnaß.

Endlich entstanden in dieser Zeit noch eine Reihe von Denkschriften und Autobiographien hervorragender Männer, eine Art politischer Rechtfertigungen, so der Optimaten M. Aemilius Scaurus (162 — ca. 89) und P. Rutilius Rufus (Kons. 105), ferner des Philhellenen Q. Lutatius Catulus, Kollegen des bildungsfeindlichen Marius 102, und des L. Cornelius Sulla (138—78), der sich in den 22 Büchern Rerum gestarum als ein Werkzeug der Vorsehung darzustellen suchte.

§ 19. Beredsamkeit; Rhetorik. Die Beredsamkeit fand vermöge ihrer praktischen Bedeutung als Machtmittel im Kampf des Tages vor Gericht, im Senat und in den Volksversammlungen, und vermöge der natürlichen Begabung der Römer unausgesetzte Pflege und Förderung und hatte zahlreiche Vertreter. Fast an allen bedeutenden Staatsmännern und Feldherrn der Zeit wird auch ihre Beredsamkeit hervorgehoben. Auch dieses Gebiet vermochte sich dem Einfluß des Griechentums nicht zu entziehen; doch hatte die Beredsamkeit bereits einen solchen Grad natürlicher Entwickelung gewonnen, daß die Bekanntschaft mit der griechischen Rhetorik nur ihre künstlerische Vervollkommnung fördern, nicht aber ihrem nationalen Charakter Eintrag tun konnte. Als der erste, der den hellenistischen Modestil zur Anwendung brachte, wird Serv. Sulpicius Galba (Konsul 144) bezeichnet, und schon den jungeren Gracchus machte die Verbindung von Anlage und Kunst zu einem bewunderten Redner. Als die bedeutendsten Redner dieser Periode erscheinen M. Antonius, 143—87, der Großvater des Triumvirn, der mehr Praktiker als Theoretiker war, und an dem besonders die Kraft, Fülle, Lebendigkeit gerühmt wird, und L. Licinius Crassus, 140—91, der mehr durch Wurde, feinen Witz, Klarheit und Gewähltheit des Ausdrucks wirkte. Beide waren hochberühmte Sachwalter.

Der Unterricht in der Rhetorik befand sich lange Zeit ausschließlich in den Händen von Griechen. Zwar wurde 161 die Ausweisung der griechischen Rhetoren und Philosophen durch einen Senatsbeschluß verfügt; doch blieb diese Maßregel ohne Erfolg, und der Unterricht in der griechischen Rhetorik gestaltete sich zu einem wesentlichen Bestandteil der römischen Jugendausbildung. Als der Freigelassene Plotius Gallus und nach ihm andere als lateinische Lehrer der Rhetorik auftraten und großen Zulauf fanden, schritt der Censor Licinius Crassus mit einem Edikt dagegen ein; aber auch dieser Versuch, die Strömung der Zeitrichtung zu hemmen, war vergeblich. Doch erteilten den lateinischen Unterricht in der Rhetorik nur Freigelassene bis in die Zeit des Augustus, wo der Ritter Blandus der erste Freigeborene war, der als öffentlicher Lehrer der Beredsamkeit auftrat. — Aus der Zeit zwischen 86—82 stammt die Rhetorik des sog. Auctor ad Herennium in 4 Buchern, nächst Catos Schrift über die Landwirtschaft das zweite vollständige lateinische Prosawerk, das wir besitzen, und zugleich die vorzüglichste Leistung der römischen Literatur auf diesem Gebiete. Obwohl nach griechischen Quellen arbeitend, sucht der unbekannte Verfasser, ein Anhänger des Marius, den Gegenstand vom national-römischen Standpunkt zu behandeln und ersetzt daher die griechischen Kunstausdrücke durch lateinische, wie er auch die Beispiele aus älteren römischen Schriften entlehnt oder selbst bildet.

§ 20. Das einzige Gebiet der römischen Prosaliteratur, welches eine durchaus nationale Entwickelung genommen hat, ist die Rechtswissenschaft. Die juristische Tätigkeit der früheren Zeit war eine durchaus praktische. Als Verfasser des ersten juristischen Lehrbuchs wird S. Aelius Paetus Catus, Konsul 198, genannt, dessen Tripertita (= ius Aelianum), die Gesetze der 12 Tafeln, einen Kommentar dazu und das Klageformular enthielten. In seiner Familie übrigens wie auch in der der Porcii und Mucii war die Beschäftigung mit der Rechtswissenschaft gewissermaßen erblich. Ein Glied der letzteren Familie, der Pontifex Q. Mucius Scaevola, gest. 82, verfaßte die erste, auf stoischer Systematik beruhende Darstellung des gesamten Privatrechts in seinem Werke de iure civili in 18 Büchern.

§ 21. Grammatik. Zur Einführung der grammatischen Studien in Rom gab der pergamenische Gelehrte Krates von Mallos während eines durch Beinbruch verlängerten Aufenthaltes in Rom 168 durch Vorlesungen über griechische Schriftsteller eine nachhaltige Anregung. Nach dem von ihm gegebenen Beispiel fing man an, sich mit literarhistorischen und sprachlichen Studien zu beschäftigen. Der angesehenste Philologe war der Ritter L. Aelius Stilo (von *stilus* = Griffel, weil er Reden für andere schrieb) Praeconinus (als Sohn eines *praeco* = Ausrufers), geb. um 150 in Lanuvium, der teils schriftstellerisch, teils in freier Lehrtätigkeit wirkte. Seine bedeutendsten Schüler waren Varro und Cicero. Er begründete nach griechischer Methode die lateinische Sprach- und Altertumsforschung, indem er auf die ältesten Sprachdenkmäler zurückging und sie kommentierte, wie das Salierlied und in einem glossographischen Werk die Zwölftafelgesetze. Seine Schriften verwerteten Varro und Verrius Flaccus.

§ 22. Für die Entwickelung der landwirtschaftlichen Literatur war die Übersetzung des 28 Bücher umfassenden landwirtschaftlichen Werkes des Karthagers Mago von Wichtigkeit, welche der Senat nach der Zerstörung Karthagos durch eine Kommission veranstalten ließ. Von einheimischen Schriftstellern behandelten diesen Gegenstand die beiden Saserna, Vater und Sohn, wie Cato auf Grund praktischer Erfahrung.

Zweite Periode.

Von den Bürgerkriegen bis zum Tode des Augustus (ca. 90 v. Chr. bis 14 n. Chr.): das goldene Zeitalter.

§ 23. In der literarischen Entwickelung und der Geistesbildung dieser Zeit tritt der verfeinernde griechische Einfluß immer stärker hervor. Entweder machte der junge Römer seine Studienreise nach dem griechischen Osten, besonders nach Athen oder Rhodus, um dort an den Quellen die griechische Bildung in sich aufzunehmen, oder es war ihm auch bequemer gemacht: überall in Italien war das Griechentum heimisch geworden, im Jugendunterricht, durch herübergekommene Bücherschätze, durch Übersetzungen u. a. Und diese Einwirkung war kräftig genug, um ein Aufbluhen der lateinischen Literatur hervorzurufen und ihr goldenes Zeitalter herbeizuführen, in dem Hellenentum und Römerart organisch verwuchs und die lateinische Sprache zu einer solchen Vollkommenheit entwickelt wurde, daß sie selbst nach dem Untergange des Reichs über tausend Jahre hindurch die Bildung der Volker beherrscht oder stark beeinflußt hat. Freilich wurde dadurch die Kluft zwischen Schrift- und Volkssprache unüberbrückbar.

Besonders wurde die Beredsamkeit gepflegt, aber nicht mehr nur wegen ihrer praktischen Bedeutung, sondern man legte nun auch Wert auf die Schönheit der Form, den Rhythmus der Rede und studierte eifrig die Theorie der Redekunst. Als Muster bei den Römern wurde Cicero maßgebend, allerdings nicht unbestritten und auf die Dauer. Unter Augustus, der die republikanischen Formen äußerlich fortbestehen und bei der allgemeinen Ermattung und Friedenssehnsucht allmählich von selbst absterben ließ, schwand dann mit dem abnehmenden Einfluß der politischen Versammlungen auch die Bedeutung und damit die Blüte der Beredsamkeit, und sie verlor sich immer mehr in kunstvolle Schuldeklamationen oder Gerichtsreden. — Auch die **Geschichtschreibung** wurde eifrig betrieben und hatte mehrere Größen aufzuweisen. Ihren Gegenstand bildete überwiegend die Darstellung der römischen Geschichte in Vergangenheit und Gegenwart, oft vom Parteistandpunkte aus, aber in kunstlerischer Gestaltung. Die Behandlung der Geschichte anderer Völker hatte man gegen Ende der Republik angefangen, die Zeit des Augustus brachte eine Universalgeschichte. — Weit verbreitet ist unter den Gebildeten das Interesse für **griechische Philosophie**, aber weniger nach der theoretischen als nach der praktischen Seite. In der Literatur ist ihr Hauptvertreter Cicero. — **Gelehrte Studien**, namentlich die grammatischen, erreichen in der Republik mit Varro eine hohe Blüte und werden auch in der Monarchie mit Eifer betrieben. — Die **Rechtswissenschaft** erhielt durch methodische Ausbildung eine bedeutende Förderung. Hatte früher der Jurist dem Redner an Wirksamkeit und Ansehen nachgestanden, so fing jetzt der Juristenstand sich zu dem angesehensten und einflußreichsten im Staate auszubilden an, daher sich diesem Fache gerade die tüchtigsten Kräfte zuwenden.

Auf dem Gebiete des **Dramas** brachte die Schlußzeit der Republik nur eine neue Posse, den Mimus, zur Ausbildung; sonst war die dramatische Produktion erstorben. Die Versuche der Augusteischen Zeit, sie wieder zu beleben, blieben ohne Erfolg: der Mimus und der neuaufgekommene Pantomimus beherrschten die Bühne. Um so mehr entfaltete sich die Poesie nach anderen Seiten hin. Die in den letzten Jahrzehnten der Republik aufgekommene alexandrinische Richtung pflegte nicht nur neue Gattungen, sondern förderte auch die kunstvolle Gestaltung der sprachlichen und metrischen Form. Eine überaus rege und vielseitige poetische Tätigkeit entfaltete sich unter Augustus, in dessen Zeit die römische Poesie ihren Höhepunkt erreichte. Der Herrscher selbst begünstigte die literarischen Bestrebungen, teils aus wirklichem Interesse, teils aus Berechnung; die Beachtung, die er schenkte, nötigte, seine Wünsche zu berücksichtigen und seiner Person zu huldigen. Neben ihm erwiesen sich hochgestellte Männer wie Maecenas, Pollio, Messalla als Gönner und Förderer der Literatur. Förderung brachten auch die von Pollio eingeführten recitationes, Vorlesungen von Werken vor ihrer Veröffentlichung, anfangs vor einem geladenen Publikum, später mit unbeschränktem Zutritt, die bis weit in die Kaiserzeit fortbestanden haben; Förderung auch die damals zuerst begründeten öffentlichen Bibliotheken, namentlich die von Augustus 28 im Tempel des Apollo auf dem Palatin gestiftete Bibliotheca Palatina graeca et latina. Für schnelle Verbreitung der Literaturwerke sorgte der durch die rege Schriftstellerei in Aufschwung gekommene Buchhandel. Hervorragende Vertreter fand die poetische Literatur dieser Zeit auf dem Gebiete des Epos, des Lehrgedichts, der Lyrik, der Satire und der Elegie, in der die Römer sogar die Griechen übertroffen haben.

Entsprechend den beiden Hauptrichtungen dieser Periode können wir zwei Abschnitte unterscheiden, deren erster, etwa bis zum Tode Ciceros, das goldene Zeitalter der Prosa bezeichnet, während der zweite, ungefähr bis zum Tode des Augustus reichend, als das goldene Zeitalter der Poesie gelten kann.

I. Die Ciceronische Zeit.

A. Prosa.

§ 24. In der jetzt zur höchsten Blüte gekommenen Beredsamkeit nahm anfangs Q. Hortensius Hortalus (114—50) den ersten Rang ein, ein hochbegabter, namentlich mit wunderbarem Gedächtnis und allen Vortragsmitteln ausgestatteter Mann, der in jüngeren Jahren die Redekunst mit leidenschaftlichem Eifer pflegte, dann aber einem genußreichen Leben nachhing und sich von seinem jüngeren Zeitgenossen Cicero überflügeln ließ. Er war der von der jüngeren Generation bewunderte Vertreter des Modestils, des genus asianum, dessen beide Hauptrichtungen, gesuchte Zierlichkeit und pomphafte Fülle, er zu vereinigen wußte. Auch Cicero huldigte anfangs dieser Richtung, bis er sich durch den Einfluß des berühmten Molon während seines Aufenthaltes in Rhodus einen maßvolleren Stil aneignete; jedoch hafteten ihm künstliches Pathos und Wortfülle noch immer an. Auch gegen diese Überfülle bildete sich eine Gegenpartei, die der sogenannten Attiker, welche in der Schlichtheit der älteren attischen Redner die wahre Beredsamkeit erblickten und besonders den nüchternen Lysias als Stilideal hinstellten. Der erste Vertreter dieser Richtung war der Cäsarianer M. Calidius, ihr Vorkämpfer C. Licinius Calvus (s. § 36), auf dessen Seite sich auch M. Iunius Brutus stellte, wie auch Cäsar sich ihr zugeneigt zu haben scheint; doch vermochte sie sich auf die Dauer der Autorität Ciceros gegenüber, der, zwischen den Extremen vermittelnd, in Demosthenes sein Ideal fand, nicht zu behaupten.

§ 25. Der größte Redner Roms war M. Tullius Cicero, geboren am 3. Januar 106 zu Arpinum als Sohn eines römischen Ritters. Zusammen mit seinem 4 Jahr jüngeren Bruder Quintus genoß er in Rom den Unterricht der tüchtigsten Lehrer, hörte auch noch die berühmten Redner M. Antonius und L. Crassus (s. § 19): in die Philosophie wurde er eingeführt durch den Epikureer Phaedrus, den Akademiker Philon und den Stoiker Diodotus, den er später ganz in sein Haus nahm, in die Rechtswissenschaft durch Q. Mucius Scaevola Augur und nach dessen Tode durch den gleichnamigen Pontifex. Inzwischen hatte er unter Pompejus Strabo auch einen Feldzug mitgemacht im Bundesgenossenkriege 89. Bald darauf verfaßte er schon eine rhetorische Schrift und trat praktisch als Redner auf. 79 unternahm er zur Herstellung seiner Gesundheit und zu seiner weiteren Ausbildung eine Reise nach Griechenland und Kleinasien, auf der er in Athen, wo er den Akademiker Antiochus von Askalon hörte, mit T. Pomponius Atticus eine Freundschaft fürs Leben schloß. In Rhodus hörte er den gefeierten Rhetor Molon und den Stoiker Posidonius. 77 zurückgekehrt, heiratete er die sittenreine, aber herrische Terentia. 75 war er Quästor in Lilybaeum auf Sizilien. 70 erhob er die Anklage gegen Verres: dieser ging noch während der Verhandlung freiwillig in die Verbannung, Hortensius gab die Verteidigung auf; Cicero war von jetzt ab unbestritten Roms erster Redner. 69 war er Ädil; 66 als Prätor suchte er die Gunst des mächtigen Pompejus zu erwerben durch seine Rede für die lex Manilia de imperio Cn. Pompei. 63 als Konsul enthüllte und unterdruckte er die Verschwörung des Catilina; er stand jetzt auf der Höhe seiner politischen Bedeutung, die er jedoch gegenüber den Triumvirn nicht zu behaupten vermochte. 58 durch einen Antrag des Clodius (*ut qui civem Romanum indemnatum interemisset, ei aqua et igni interdiceretur*) wegen ungesetzlicher Hinrichtung der Catilinarier bedroht, ging er ins Exil nach Thessalonich, wurde aber 57 zurückberufen, besonders auf Betrieb des Konsuls Lentulus und der Volkstribunen Sestius und Milo, die er später verteidigte. Der Machtstellung im Senate beraubt, wandte er sich jetzt mehrere Jahre einer Schriftstellerei großen Stiles zu. 51/50 war er Prokonsul von Cilicien. Im Bürgerkriege trat er nach langem Schwanken auf die Seite des Pompejus und folgte ihm auch nach Dyrrhachium. Nach der Schlacht bei Pharsalus aber 48 kehrte er nach Italien zurück und lebte, meist auf seine Güter zurückgezogen, philosophischen und rhetorischen Studien. 46 ließ er sich von Terentia scheiden und heiratete Publilia, von der er sich aber 45 wieder trennte. In demselben Jahre erschütterte ihn der Tod seiner vielgeliebten Tochter Tullia. Seine letzte Glanzzeit erlebte der gescheiterte Staatsmann nach Cäsars Ermordung, als er eine allgemeine Amnestie vermittelte und später gegen Antonius die Philippischen Reden hielt. Als dann aber das zweite Triumvirat zustande kam, wurde auch Cicero auf jenes Veranlassung geächtet und auf seinem Formianum bei Cajēta am 7. Dez. 43 durch den Centurio Herennius getötet.

Cicero war eine reichbegabte und vielseitige Natur, von staunenswerter Arbeitskraft, ein sittlich reiner Charakter, liebenswürdig und weich von Gemüt und ein warmer Freund des Vaterlandes. Politisch ein rückwärts gewandter Schwärmer und nicht ohne Selbsttäuschung und Eitelkeit, war er für die sturmbewegte Zeit zu schwankend und zu verzagt. Große Kenntnisse hatte er sich durch Fleiß und durch wunderbare Aneignungsfähigkeit auf den verschiedensten Feldern des Wissens erworben, und er hat seinen Landsleuten neue Gebiete erschlossen, wenn auch sein Wissen oft mehr umfangreich als tiefgehend war. Ein glänzender aktueller Redner, schuf er den Römern auch die literarische Staats- und Gerichtsrede, ebenso nach seinen eigensten Erfahrungen mit überlegener Sachkenntnis die Theorie der griechisch-römischen Redekunst. Er vermittelte ihnen ferner die griechische Philosophie und ward 'als geistiges Oberhaupt „der Vollender der kunstmäßigen, mustergültigen Sprache seines Volkes"; vielleicht der gebildetste Mann des Altertums, ist er daher „das Haupt der römischen Bildung und ihrer Propaganda für alle Zeiten" geworden.

Mit großer Leichtigkeit versuchte sich Cicero schriftstellerisch auf den verschiedensten Gebieten, auch wo es ihm an Begabung fehlte, wie in Poesie, Jurisprudenz und Geschichtschreibung. Alle diese Versuche aber (Gedichte wie Marius, die Geschichte seines Konsulats — diese auch in griechischer und lateinischer Prosabearbeitung) sind verloren gegangen bis auf nicht unbedeutende Überreste seiner Übersetzung von Arats $\Phi\alpha\iota\nu\acute{o}\mu\epsilon\nu\alpha$, einer Jugendarbeit.

In seinen Reden zeigt Cicero allerdings nicht das Ethos und die Kraft des Demosthenes, aber weltmännische Bildung und eine bezaubernde Feinheit des Stils. Die schönklingende Phrase und imponierende Periode muß freilich nach griechischem Muster auch die Schwäche der Sache verdecken helfen. Erhalten sind von den oft erst nach dem Vortrage ausgearbeiteten Reden 57, gegen 20 in Bruchstücken, teils gerichtlicher, teils politischer Art. Wir nennen hier: pro Quinctio, die älteste erhaltene, aus dem J. 81; pro

S. Roscio Amerino, seine erste Rede in einem Kriminalfall, 80; pro Roscio comoedo; in Verrem 70, bestehend aus der dem Prozesse vorangegangenen divinatio in Caecilium, durch die sich Cicero das Recht erstritt, statt des vorgeschobenen Scheinklägers Q. Caecilius Niger als Ankläger aufzutreten, der actio I, der bei der ersten Verhandlung (*de repetundis*) gehaltenen Einleitungsrede der Anklage, und der actio II in 5 Büchern (I. de praetura urbana; II. de iuris dictione Siciliensi; III. de frumento; IV. de signis; V. de suppliciis: Teiltitel), nicht wirklich gehaltenen Reden, in denen er den für die zweite, wegen Verres' freiwilliger Entfernung nicht erst stattgefundene Verhandlung gesammelten reichen Stoff nachträglich künstlerisch verarbeitet hat; de imperio Cn. Pompei 66, seine erste Staatsrede, bewundernswert wegen klarer Disposition und meisterhafter Darstellung (Gegner: Catulus, Hortensius); von den konsularischen 4 Reden De lege agraria (IV. verloren), 4 in L. Catilinam (I. IV in senatu, II. III ad populum), pro Murena, ausgezeichnet durch Geist und Witz; 62 pro Sulla, pro Archia poeta, um diesem das bestrittene Bürgerrecht zu retten (darin eine längere Digression: das Lob der Wissenschaften); 57 Dankreden ad senatum und ad populum wegen seiner Zurückberufung aus dem Exil, De domo sua ad pontifices wegen Rückgabe seines Hausareals; 56 pro P. Sestio, der für Ciceros Zurückberufung tätig gewesen und nun de vi angeklagt war; De provinciis consularibus (im Gefolge der Triumvirn); 54 pro Cn. Plancio, für seinen Schutzpatron im Exil wegen Wahlumtriebe; 52 pro T. Annio Milone wegen Ermordung des Clodius, nicht die wirklich gehaltene Rede, sondern nachträglich dem Verurteilten zum Trost ausgearbeitet, wohl die glänzendste der Ciceronischen; 46 pro Marcello, vor Cäsar zum Dank für die Begnadigung des stolzen Pompejaners; pro Q. Ligario, um dessen Begnadigung durch Cäsar; pro rege Deiotaro 45, der eines Mordversuchs auf Cäsar angeklagt war; die 14 orationes Philippicae 44 und 43, voll der heftigsten Angriffe gegen Antonius als Privatmann und als Politiker und voll Ermahnungen an Senat und Volk, demselben Widerstand zu leisten und seine Gegner zu schützen; die zweite nur als Broschüre veröffentlicht. — Verloren ist eine ganze Anzahl von Reden, u. a. auch die (nur geschriebene) **Lobrede auf Cato Uticensis** vom J. 46, welche Cäsars Erwiderung in seinem Anticato (2 B.) hervorrief. — Schon früh wurden Ciceros Reden Gegenstand gelehrter Behandlung, so namentlich durch Q. **Asconius Pedianus** (s. § 62); außer den Überresten von dessen Kommentaren besitzen wir noch Scholiensammlungen aus späterer Zeit, von denen am wertvollsten die **Scholia Bobiensia** (c. 4. Jahrh.) sind, in denen der vollständige Asconius benutzt ist.

In seinen **rhetorischen Schriften** ist Cicero anfangs Schüler der Griechen, später gegen Ende seines Lebens durchaus selbständig auf Popularisierung der theoretischen Lehren bedacht. Erhalten sind: **De inventione** (so gewöhnlich nach dem Inhalte von der Auffindung des Stoffes betitelt), 2 B., die unreife Verarbeitung eines Kolleghefts, infolge einer gemeinsamen lateinischen Quelle vielfach genau übereinstimmend mit der Rhetorik ad Herennium (s. § 19); — **De oratore**, 3 B., 55 herausgegeben, die glänzendste seiner rhetorischen Schriften, in Form von Dialogen, in denen besonders der mehr theoretische L. Crassus und der mehr praktische M. Antonius ihre Ansichten darlegen über Wesen und Bildung des Redners (I), über Sammlung, Ordnung und Einprägung des Stoffs (II), über Ausdruck und Vortrag (III). In Ciceros Sinne bedeutet die Ausbildung des Redners die Bildung des ganzen Mannes, ,,der mit der staatlichen Gesinnung'des Römers die griechischmenschliche Kultur verbindet". — **Brutus [de claris oratoribus]** 46, ebenfalls in Dialogform, unsere wertvollste Quelle für die Geschichte der römischen Beredsamkeit: Cicero verfolgt die in seiner Person gipfelnde Entwicklung der Redekunst, wobei er über 200 Redner berücksichtigt; — **Orator ad M. Brutum** 46: in ergänzender Neubearbeitung über Stil, rhythmischen Tonfall und das Idealbild des Redners erläutert er seine Ansichten durch Musterbeispiele zu den verschiedenen genera dicendi: —

De optimo genere oratorum, wie die beiden vorhergehenden in Beziehung stehend zu dem Streite gegen die Richtung der sog. Attiker (s. § 24), eine Einleitung zu einer Übersetzung der Reden des Demosthenes für den Kranz und des Äschines gegen Ctesiphon als Musterstücke der attischen Beredsamkeit; — Partitiones oratoriae, um 54, ein Katechismus in Form eines Gesprächs zwischen ihm und seinem Sohne über die Hauptpunkte der Rhetorik; — Topica ad C. Trebatium, eine 44 während der Überfahrt von Velia nach Rhegium aus dem Gedächtnis niedergeschriebene Darstellung der Aristotelischen Lehre von der Beweisfindung.

Ciceros philosophische Schriften sind erstaunlich schnell niedergeschrieben, meist erst in den letzten beiden Lebensjahren, als er sich von seiner politischen Tätigkeit zurückgedrängt sah. Er entbehrte des philosophischen Geistes und betrachtet nach Römerart die Philosophie vom Standpunkte des praktischen Nutzens für das Leben, besonders für den Redner. Er ist daher durchaus Dilettant und Eklektiker; auch schöpft er wenig aus ersten Quellen. Bei der Eilfertigkeit mußte „Tiefgedachtes verflacht, manches feine Gewebe verzettelt werden"; Mißverständnisse und Flüchtigkeiten sind in seinen zusammengeflickten Reproduktionen nicht selten, am sichersten bewegt er sich in dem System der neueren Akademie (Carneades), dem er sich zuneigte. Sein Verdienst liegt darin, daß er Rom die griechische Philosophie in der reifsten Schönheit seiner Sprache zugänglich gemacht und die philosophische Terminologie geschaffen hat. Für die Weltliteratur sind aber diese Kunstwerke als Hauptquellen der hellenistischen Systeme auch materiell von unschätzbarem Wert. Wir besitzen:

De republica, 6 B., begonnen 54, nur in Trümmern erhalten, darunter das Somnium Scipionis aus B. VI: in einem von dem jüngeren Scipio geleiteten Gespräche wird die Frage nach der besten Staatsform erörtert und als solche eine Mischung von Monarchie, Aristokratie, Demokratie erkannt, etwa verwirklicht in der römischen Republik vor der Zeit der Gracchen; — De legibus, angefangen 52, eine Ergänzung zu dem Buch über den Staat, wohl unvollendet geblieben: von den ursprünglich mindestens 5 Büchern sind 3 (lückenhaft und starkt verderbt) erhalten, in denen hauptsächlich von Natur-, Sakral- und Staatsrecht gehandelt wird (dabei auch Nachbildungen von Gesetzen in altertümlicher Sprache); — Paradoxa Stoicorum 46, rhetorische Erörterung von 6 auffälligen stoischen Lehrsätzen, belegt durch Beispiele aus Geschichte und eigenem Leben; — De finibus bonorum et malorum, 5 B., 45: kritische Zusammenstellung der Lehren der verschiedenen griechischen Philosophenschulen über das höchste Gut und das höchste Übel (I. II. die Ansichten der Epikureer; III. IV der Stoiker; V der Akademiker und Peripatetiker); — Academica 45, ursprünglich zwei Bücher, dann von Cicero selbst in vier erweitert: erhalten sind von der ersten Bearbeitung (Academica priora) Buch II (= Lucullus; die Erkenntnislehre der neueren Akademie), von der zweiten ad Varronem (Academica posteriora) der Anfang von B. I (die Entwickelung der Philosophie von Sokrates bis auf Zenon und Arcesilaus); — Timaeus, Bruchstücke einer Übersetzung der gleichnamigen Platonischen Schrift; — Tusculanae disputationes, 5 B. (I. von der Todesverachtung; II vom Ertragen des Schmerzes; III von der Linderung des Kummers; IV von den übrigen Gemütsbewegungen; V daß zum glücklichen Leben die Tugend allein genügt), 45, benannt nach Ciceros Landgut, wo die fünf Gespräche gehalten gedacht werden, durchaus eklektisch und ziemlich schnell gearbeitet; — De natura deorum, 3 B., 44 vollendet, über die Ansichten der Epikureer, Stoiker und Akademiker vom Wesen der Götter: diese Schrift leidet besonders an Unklarheit und Flüchtigkeit; — Cato Maior de senectute ad Atticum, 44, eine dem alten Cato in den Mund gelegte Apologie des Greisenalters gegen die landläufigen Vorwürfe; — De divinatione, 2 B., 44, über die Ansichten der Stoiker (I) und der Akademiker (II) über Offenbarung und Weissagung, eine Ergänzung der Bücher de natura deorum — ebenso wie

De fato 44, nur als Bruchstück erhalten, vom Standpunkt der Akademie gegen die stoische Lehre vom Schicksal; — Laelius de amicitia 44, ein Gespräch über den Wert der auf sittlicher Grundlage ruhenden Freundschaft, ausgezeichnet durch Lebendigkeit der Darstellung; Quelle: Theophrast Περὶ φιλίας; — De officiis ad Marcum filium, 3 B. (I vom honestum; II vom utile; III vom Widerstreit beider), 44, eine Abhandlung über die Pflichtenlehre im Anschluß an die Stoiker Panaetius und Posidonius, belebt durch zahlreiche Beispiele aus der Geschichte; eine Ergänzung dazu war das nicht mehr vorhandene Werk de virtutibus. Außer diesem sind noch einige andere philosophischen Schriften verloren gegangen, wie der im Altertum und auch von Augustin sehr geschätzte Hortensius, eine Rechtfertigung und Empfehlung des Studiums der Philosophie, 45, gleichsam eine Einleitung der geplanten philosophischen Schriften, de gloria, die consolatio (eine Selbsttröstung über den Tod seiner Tullia, 45, Quelle: Crantor περὶ πένθους).

Die von einer sehr ausgedehnten Korrespondenz noch vorhandenen Briefe Ciceros, meist aus seiner späteren Lebenszeit, sind wichtig für die Kenntnis seines Charakters und eine reiche Fundgrube für die Zeitgeschichte, um so mehr, da Cicero mit den bedeutendsten Männern im Briefwechsel stand und Atticus gegenüber auch seinen augenblicklichen Stimmungen rückhaltlos Ausdruck gab. Mit diesen Herzensergüssen des liebenswerten Menschen, deren wahllose Veröffentlichung eine grobe Indiskretion war, ist mehrfach schnöder Mißbrauch getrieben. Nur wenige Briefe waren für die Öffentlichkeit bestimmt. Sie zeigen daher eine große Verschiedenheit des Tones, sind aber überwiegend Muster der feinen Umgangssprache. Ihr Verständnis ist teilweise dadurch erschwert, daß sie mitunter nicht mehr vorhandene Briefe beantworten, oder daß Cicero, namentlich an Atticus, nur in Anspielungen oder mit Beziehungen schrieb, die uns jetzt nicht mehr deutlich sind. Gesammelt wurde dieser unvergleichliche Schatz zum Teil schon zu Ciceros Lebzeiten und nach seinem Tode herausgegeben.

Erhalten — mit Einschluß von 90 an Cicero gerichteten (darunter ad fam. VIII nur Briefe des Caelius) — sind c. 864 in vier Sammlungen: Ad familiares (dieser Titel ist nicht überliefert), 16 B. vermischter Briefe, aus den J. 62—43, nach den Adressaten geordnet außer in XIII (lauter Empfehlungsbriefe), wahrscheinlich durch Ciceros freigelassenen Sekretär und Freund, den gelehrten Tiro (den Erfinder der Kurzschrift, der notae Tironianae), gesammelt und herausgegeben; — Ad Atticum, 16 B., aus dem Nachlaß des Atticus, wie es scheint, erst in der Mitte des 1. Jahrh. n. Chr. herausgegeben, aus der Zeit von 68—44, meist chronologisch geordnet: in ihnen werden Politik, Literatur, aber auch die intimsten Angelegenheiten besprochen; — Ad Quintum fratrem, 3 B., von 60—54 reichend, meist politischen oder persönlichen Inhalts; — Ad M. Brutum, 23 Briefe aus der Zeit nach Cäsars Tode, gewöhnlich fälschlich in 2 Bücher geteilt, die Überreste des 9. Buches einer Sammlung. Unecht ist ein Brief Ciceros an Octavian.

Auch Q. Cicero, 102—43, des Redners Bruder, versuchte sich auf verschiedenen Gebieten: er verfaßte u. a. Annales und zum Zeitvertreib auch Tragödien. Erhalten hat sich von ihm außer 4 Briefen (einer an seinen Bruder, drei an Tiro) das Commentariolum petitionis, eine in Form eines Sendschreibens an seinen Bruder 64 gerichtete trockne Abhandlung über die bei der Bewerbung um das Konsulat anzuwendenden Mittel.

§ 26. C. Iulius Caesar, geboren 100 am 13. Quintilis (nach ihm später Julius benannt), Neffe des Marius, verheiratet mit Cornelia, Tochter des Cinna, wurde von Sulla geächtet, dann ungern begnadigt. 80 diente er mit Auszeichnung in Kleinasien, kehrte nach Sullas Tode zurück und machte sich als Redner vor Gericht bekannt. 76 reiste er nach Rhodus, um Molon zu hören, und bestand unterwegs das Abenteuer mit den Seeräubern. 67 Quästor; 65 als Ädil erregte er Aufsehen durch den Glanz seiner Spiele; 63 Pontifex maximus, 62 Prätor. 61 als Proprätor in Hispania ulterior kämpfte er mit Glück gegen die Lusitaner; 60 schloß er mit Pompejus und Crassus das erste Triumvirat und wurde 59 Konsul. Dann als Prokonsul in Gallien unterwarf er 58—50 dieses ganze Land und hatte nun reiche Mittel und ein kriegserfahrenes, ergebenes Heer zu seiner Verfügung. Er zertrümmerte im Siegeszug durch Italien und in den Schlachten bei Pharsalus 48, Thapsus 46, Munda 45 den morschen Staat und versuchte als Alleinherrscher einen neuen Organismus zu bilden. Mit großen Plänen (Partherkrieg) beschäftigt, wurde der gewaltigste aller Römer am 15. März 44 im Senate ermordet.

Verloren von seinen Schriften sind außer poetischen Versuchen 2 B. de analogia ad Ciceronem (für die Notwendigkeit theoretischer Sprachstudien), ebenso seine Erwiderung auf Ciceros Lobschrift auf Cato (Anticato 2 B.), zahlreiche Briefe sowie — bis auf wenige Fragmente — seine Reden, in denen er nach Ciceros Urteil (Brut. 261) keinem Römer nachstand, und von denen Quintilian sagt (X 1, 114): *eodem illum animo dixisse, quo bellavit, apparet.* — Erhalten sind die 7 Commentarii de bello gallico und die 3 Bücher De bello civili. Die ersteren sind wahrscheinlich aus Aufzeichnungen, amtlichen Berichten usw. von Cäsar alljährlich zusammengestellt und 51 als ein Ganzes herausgegeben, um seine Taten zu verewigen und um auch sein getadeltes Vorgehen in Gallien als eine Reihe unvermeidlicher Defensivmaßregeln erscheinen zu lassen. Jedes der sieben Bücher umfaßt je ein Jahr des Krieges von der Besiegung der Helvetier an bis zur Eroberung von Alesia, also 58—52. Eine Fortsetzung dazu lieferte Cäsars Legat A. Hirtius, der in einem achten Buche die Kämpfe von 51 und 50 erzählte. — Die Bücher De bello civili hat Cäsar nach den Bürgerkriegen abgefaßt, um sich von dem Vorwurfe, den Ausbruch des Krieges verschuldet zu haben, zu reinigen. Sie enthalten nur die Ereignisse der Jahre 49 (B. I. II) und 48 (III) bis zum Beginn des alexandrinischen Krieges. Der Tod scheint Cäsar verhindert zu haben, das Werk zu beendigen und auszufeilen.

Wie Hirtius die Lücke zwischen dem gallischen und dem Bürgerkriege ergänzte, so führen drei Schriften von verschiedenen Anhängern und Mitkämpfern Cäsars die Geschichte der Bürgerkriege weiter: **Bellum Alexandrinum**, die Kämpfe in Ägypten, Illyrien, Spanien und die glückliche Besiegung des pontischen Königs Pharnaces schildernd, **Bellum Africanum** und **Bellum Hispaniense**, welche die Jahre 46 und 45 umfassen. Das erste rührt vielleicht auch von Hirtius her, die Verfasser der beiden anderen sind unbekannt. In ihnen ist die Darstellung tagebuchartig nachlässig.

Dagegen sind die von Cäsar selbst herrührenden Kommentarien in wunderbar kunstvoller Einfachheit und mit berechneter Knappheit und Schlichtheit geschrieben, entsprechend etwa den Berichten der hohen Militärs Alexanders in Arrians Anabasis. Meisterhaft sind seine geographischen und militärischen Schilderungen, weshalb sie auch jederzeit ein Gegenstand des Studiums großer Feldherren geblieben sind.

§ 27. **Cornelius Nepos**, aus dem transpadanischen Gallien, lebte in Rom und war ein Freund des Varro, Cicero, Atticus und Catullus; weiter ist über seine Lebensverhältnisse nichts bekannt. Er verfaßte außer **Chronica** in 3 Büchern, einem synchronistischen Abriß der Weltgeschichte, **Exempla**, nach den Fragmenten kulturhistorischen Inhalts, ausführlichen **Lebensbeschreibungen des Cato maior, Cicero** und einer **geographischen Schrift**, die alle verloren sind, ein Werk **De viris illustribus** in mindestens 16 Büchern: Biographien berühmter Männer, nach den Gebieten ihrer Tätigkeit geordnet (Könige, Feldherren, Staatsmänner, Redner, Philosophen, Historiker, Grammatiker), immer Nichtrömer und Römer nebeneinander. Erhalten sind davon das Buch **De excellentibus ducibus exterarum gentium** (22 Biographien und ein Exkurs über Könige, die zugleich Feldherren gewesen sind) und aus dem Buch **De historicis latinis** die Vitae Catos und des Atticus; ferner vielleicht echte Brieffragmente Cornelias an C. Gracchus. Die Vitae sind kritiklose Zusammenstellungen von Notizen mit starker Hinneigung zum Anekdotenhaften; wirkliche Charakter- und Lebensbilder aus den Einzelzügen zu gestalten, zeigt sich

Cornel unfähig. Dazu kommen zahlreiche Flüchtigkeiten und Mißverständnisse, namentlich auch geographische und chronologische Versehen. Die Darstellung ist ziemlich trocken, nachlässig oder auch rhetorisch übertreibend. Indes in Ermangelung anderer Quellen ist das Buch dieses ersten Biographen nicht wertlos.

Ein bedeutender Kenner der vaterländischen Geschichte war Ciceros Freund T. Pomponius Atticus, 109—32, der älteste uns bekannte römische Buchhändler, ein Mann von feinem Stilgefühl, so daß selbst Cicero ihm seine Schriften zur Durchsicht übergab. Er verfaßte zwischen 51 und 46 einen Annalis, einen etwa 700 Jahre umfassenden Abriß der römischen Geschichte von Roms Gründung bis 54 v. Chr., welcher besonders auf die Feststellung der Chronologie nach der Reihe der Konsuln und sonstigen Beamten gerichtet war, auch die Entwickelung der Literatur und die Geschichte anderer Völker berucksichtigte. Vielleicht entstammen seiner Gelehrsamkeit die capitolinischen Magistratstafeln.

§ 28. C. Sallustius Crispus, 86—35, aus dem sabinischen Amiternum, trat nach wild verlebter Jugend als Volkstribun nach der Ermordung des Clodius gegen seinen persönlichen Feind Milo und gegen Cicero auf. 50 wegen seines Lebenswandels aus dem Senat gestoßen, ging er nach Gallien zu seinem Freunde Cäsar, kehrte mit diesem nach Rom zurück und wurde durch ihn wieder in den Senat aufgenommen. Während des Burgerkrieges war er in verschiedenen Stellungen tätig; nachher zog er als Prokonsul aus Numidien durch Bedrückung große Summen. Von der Anklage wegen Erpressungen wurde er durch Cäsars Einfluß freigesprochen. Den Rest seines Lebens verbrachte er in Rom in den prächtigen horti Sallustiani auf dem Quirinal, zurückgezogen von der Politik und mit Abfassung seiner Schriften beschäftigt, fur welche ihm Ateius Philologus (s. § 30) ein Breviarium omnium rerum Romanarum angefertigt hatte.

Der Cäsarianer beweist in seiner Geschichtschreibung den sittlichen Bakerott der von seinem Meister gestürzten

Nobilität, eine für Gegenwart wie Zukunft bestimmte Apologie des Verfassungsbruchs. Zunächst zwei Einzelschriften, welche zu den Perlen der römischen Literatur gehören, das Bellum Catilinae, um 42 verfaßt, Darstellung der Catilinarischen Verschworung, und De bello Iugurthino. Es sind Parteischriften und ausgezeichnet weniger durch historische Treue, im Catilina namentlich in chronologischer Beziehung, als durch die Kunst, durch sorgfältig erwogene Gruppierung der Einzelzuge ein anschauliches Bild der Begebenheiten zu schaffen. Der Iugurtha weist einen Fortschritt gegen den Catilina auf; alles ist ebenmäßiger und formvollendeter. Sein letztes und nach dem Urteil der Alten reifstes, freilich durch seine Abneigung gegen Pompejus beeinflußtes Werk waren die Historiae in 5 B., welche im Anschluß an Sisennas Historien (s. § 18) die bewegte Zeit von Sullas Tode bis 67 schilderten. Erhalten sind davon 4 Reden und 2 Briefe und eine beträchtliche Zahl größerer und kleinerer Bruchstücke sowie fur B. I ein Auszug des Iulius Exuperantius (5. Jahrh. n. Chr.).

In der Geschichtschreibung steht Sallust als der erste Römer da, der nicht nur auf den Inhalt, sondern in Bewunderung modernster Rhetorik auch auf künstlerische Darstellung Gewicht legt. Sein Vorbild ist Thucydides: er schreibt die Geschichte pragmatisch, d. h. die Begebenheiten aus dem inneren Zusammenhange der Dinge herleitend und daher besonders die psychologische Motivierung der Tatsachen berücksichtigend. Namentlich auch in den eingeflochtenen Reden gibt er treffende Charakteristiken der Zustände und der handelnden Personen, unterbricht auch häufig den Gang der Erzählung durch ethnographische Exkurse oder psychologische und ethische Reflexionen — ein Moralisieren ubrigens, das, wie man schon im Altertum ihm vorwarf, mit seinem eigenen Vorleben nicht in Einklang stand. Nach dem Muster des Thucydides strebt er als Attizist auch in der Form der Darstellung nach Knappheit, so daß er dadurch bisweilen sogar dunkel wird. Er liebt wirkungsvolle Antithesen und kurze Sentenzen, und um seine Sprache pikanter zu machen, braucht er altertümliche Färbung, namentlich nach dem Muster des Cato, weshalb er von dem Nörgler Pollio Tadel erfuhr. Ein begeisterter Verehrer von ihm ist Tacitus. Gerade wegen dieser archaisierenden Manier fand Sallust namentlich im 2. Jahrh. n. Chr. Bewunderer. Bis in die spätesten Zeiten des Altertums, ja noch im Mittelalter lassen sich die Nachwirkungen seiner Schriftstellerei wahrnehmen. — Untergeschoben sind Sallust 2 Briefe ad Caesarem senem de republica, in seiner Manier abgefaßte Erzeugnisse der Rhetorenschule. Ebendaher stammt die sog. Invectiva in Tullium, ein angeblich im J. 54 gegen Cicero gerichtetes Pamphlet, nach dessen Muster ein Rhetor unter Ciceros Namen die sog. Invectiva in Sallustium verfaßt hat.

§ 29. M. Terentius Varro, 116—27, aus dem sabinischen Reate, ein Schuler des Aelius Stilo, beteiligte sich trotz seiner umfassenden schriftstellerischen Tätigkeit auch am öffentlichen Leben im Frieden wie im Kriege. Als Legat des Pompejus in Spanien mußte er sich an Cäsar ergeben (49), versöhnte sich dann mit diesem und lebte zurückgezogen im wissenschaftlichen Verkehr mit den bedeutendsten Männern. Er sollte Bibliothekar an der von Cäsar geplanten großen Sammlung griechischer und lateinischer Schriften werden, und Cäsar schutzte ihn gegen M. Antonius. 43 aber von diesem aus Privatfeindschaft geächtet, entging er selbst zwar dem Tode, doch wurde seine Bibliothek geplundert. Er lebte fast bis zum 90. Jahre in stiller gelehrter Forschung.

Varro hat 74 Werke in 620 Büchern (wir kennen die Titel von mehr als 500) verfaßt, in denen er die verschiedensten Gebiete des Wissens umfaßte und vielfach den Grund legte, auf dem spätere Generationen weiterbauen konnten. Die Sammelarbeiten dieses nationalen Romantikers und Polyhistors sind für alle Folgezeit die reichste Fundgrube gewesen und sehr viel exzerpiert worden, z. B. von Plinius, Sueton, Gellius, Martianus Capella, auch von Kirchenvätern, namentlich Augustinus. Es ist begreiflich, daß er bei dieser gewaltigen Stoffanhäufung auf die Form weniger Sorgfalt verwendete. Jedenfalls war er der universellste römische Gelehrte, der auf der Grenze zweier Zeitalter das gesamte Wissen seiner Nation systematisch zusammenfaßte, wie einst Aristoteles das seiner Zeit, und nicht nur ein Buchgelehrter, sondern begabt mit offenem Sinn für Tun, Denken, Fühlen seines Volkes und ein ehrenhafter, patriotischer Charakter.

Vollständig erhalten von seinen Werken sind die Res rusticae in 3 B. (I Acker- und Gartenbau; II Viehzucht; III Geflügel- und Fischzucht), verfaßt im Alter von 80 Jahren 36 v. Chr., in Form von Dialogen, deren Personennamen mit dem Inhalt der betr. Bücher in Beziehung gesetzt sind (z. B. in I Fundanius, Agrius, Agrasius; II Scrofa, Vaccius; III Merula, Pavo, Pica, Passer). Die Darstellung ist altmodisch bieder und unbeholfen rhetorisiert. Quelle: Mago in Diophanes' Bearbeitung, Cato, dazu eigne Erfahrung.

Von den ursprünglich 25 Büchern De lingua latina (44) sind erhalten, wenn auch vielfach verstümmelt, B. V—X, der Anfang desjenigen Teils, der dem Cicero gewidmet war. Das eilig zurammengeraffte, unerquickliche Werk behandelte im Anschluß an die Griechen die Etymologie, Flexion und Syntax. Von der Wortbildungslehre liegt der praktische, von der Flexion der theoretische Teil (über Analogie und Anomalie) vor. Als seine Vorbilder nennt Varro u. a. Aristophanes von Byzanz und die Stoiker Kleanthes und Chrysippus. Die Darstellung ist kunstlos registrierend.

Eines der eigenartigsten Werke der römischen Literatur waren die nur in 25 Fragmenten erhaltenen 150 Saturae Menippēae, benannt nach dem Cyniker Menippus (ca. 280), den sich Varro hier zum Muster nahm in der humoristischen Behandlung ernster Gegenstände ($\sigma\pi o v \delta a \iota o \gamma \varepsilon \lambda o i\omega \varsigma$) wie auch in der freien Mischung von Prosa und allerhand Versen. Die einzelnen Satiren, vielfach mit seltsamen Titeln versehen (Aiax stramenticius; Caprinum proelium $\pi\varepsilon\rho i\ \dot{\eta}\delta o\nu\tilde{\eta}\varsigma$; Columna Herculis $\pi\varepsilon\rho i\ \delta \acute{o}\xi\eta\varsigma$; Nescis quid serus vesper vehat), behandelten, auch dramatisch belebt, philosophische Fragen, besonders auf dem Gebiete der Moral, Literarisches, soziale Verhältnisse, mit dem patriotischen Zweck, der Zeit ihre Gebrechen vorzuhalten und sie zu einer gesunden Lebensauffassung zuruckzuführen.

Philosophisch-historischen Inhalts waren die 76 Bücher *Λογιστορικά* (die philosophischen Auseinandersetzungen, *λόγοι*, wurden durch Beispiele aus Mythus und Geschichte, *ίστορίαι*, belegt), deren Inhalt gleich die Doppeltitel angaben, z. B. Orestes, de insania; Marius, de fortuna; Sisenna, de historia; Catus, de liberis educandis. Vorbild: Herakleides Ponticus (ca. 375).

Die Antiquitates in 41 B. (I—XXV rerum humanarum, XXVI—XLI rerum divinarum), vollendet 47, eine römische Altertumskunde, Hauptquelle der Späteren für die Kenntnis der Vorzeit, behandelten nach streng durchgeführter schematischer Disposition den ganzen Lebenskreis des römischen Volkes. Weitere Ausführungen oder Vorarbeiten zu diesem Werk waren zahlreiche Einzelschriften wie Annales (epochemachend wegen der neuen Zeitrechnung: Roms Gründung 753), De vita populi Romani (eine Art Kulturgeschichte), De gente populi Romani (über die Herkunft der Römer), De familiis troianis (über diejenigen Familien, die ihren Stammbaum von Genossen des Aeneas ableiteten), Aetia (Erklärung heimischer Gebräuche) u. a.

Literarhistorische Schriften waren De poetis, De scaenicis originibus, De personis (Theatermasken), De comoediis Plautinis usw.

Hebdomädes oder Imagines in 15 B., ein nach dem Prinzip der Siebenzahl (I Einleitung, dann 2×7) angelegtes biographisches Bilderbuch, eine Zusammenstellung von 700 (7×100) Porträts berühmter Vertreter von 7 Fächern, Griechen und Römer, mit je einem metrischen Elogium und prosaischem Text.

Sein Hauptwerk waren die Disciplinae in 9 B., wahrscheinlich aus dem Jahre 33 v. Chr., die erste römische Enzyklopädie; sie wurde in der Behandlung der 7 artes liberales (Grammatik, Dialektik, Rhetorik, Geometrie, Arithmetik, Astronomie, Musik; Varro fügt noch Medizin und Architektur hinzu) für das ganze Mittelalter maßgebend.

Varros nationale Schriftstellerei ist vielfach durch Posidonius beeinflußt, der, in den Bahnen eines Polybius und Panätius wandelnd, durch weite Reisen belehrt, als anerkannter Meister auf jedem Forschungsgebiet, sogar durch religiöse Spekulation von Rhodus aus die Bildungskreise beherrschte.

§ 30. Nächst Varro am vielseitigsten in Gelehrsamkeit war P. Nigidius Figulus, ca. 98—45, ein Freund des Cicero und Anhänger des Pompejus, von Cäsar in die Verbannung geschickt, in der er starb. Er beschäftigte sich besonders mit Grammatik, Naturwissenschaften und Theologie, aber auch mit Astrologie und Magie, wie er überhaupt als Anhänger des Pythagoreismus eine mystische Richtung hatte. Infolge seiner Vorliebe für das Entlegene und Absonderliche kam seine schrullenhafte Gelehrsamkeit neben der des Varro nicht zur Geltung, und seine Schriften fanden wegen ihrer Dunkelheit und Spitzfindigkeit wenig Anklang. Gellius und Nonius verwerteten seine grammatischen Bücher.

Außer Varro und Nigidius werden aus dieser Zeit noch eine Reihe von Vertretern grammatischer Studien genannt (darunter auch der *plagosus* L. Orbilius Pupillus aus Benevent, der Lehrer des Horaz), die meist neben grammatischem Unterricht auch in der Rhetorik unterwiesen, wie Antonius Gnipho, der Hauslehrer Cäsars, dessen rhetorischen Übungen Cicero auch noch in reiferen Jahren beiwohnte, und L. Ateius Praetextatus aus Athen, der sich selbst den Beinamen Philologus gab, ein Freund des Sallust und Asinius Pollio.

§ 31. Ein großes Verdienst um die systematische Entwickelung der Rechtswissenschaft erwarb sich Serv. Sulpicius Rufus, ca. 105—43, anfangs auch als Redner tätig, durch eine ausgedehnte, auch die stilistischen Anforderungen der Zeit berücksichtigende Schriftstellerei und Heranbildung von zahlreichen Schulern, wie namentlich A. Ofilius und P. Alfenus Varus. Auch C. Trebatius

Testa, der Freund des Cicero und Cäsar, Lehrer des Antistius Labeo (s. § 49), war auf diesem Gebiet mit Auszeichnung tätig.

§ 32. Die erste römische amtliche Zeitung richtete Cäsar als Konsul 59 ein: die Acta senatus, Berichte über die Verhandlungen im Senat, deren Veröffentlichung jedoch Augustus wieder untersagte, und die Acta diurna oder populi (auch a. urbana, publica), eine Art von Tageblatt unter amtlicher Redaktion, offizielle und private Mitteilungen enthaltend und von Privatunternehmern abschriftlich durch das ganze Reich versandt. Von beiden wurden die Originale im Staatsarchiv aufbewahrt, eine Quelle der Historiker.

B. Poesie.

§ 33. Wahrscheinlich dem Anfange dieser Periode gehören an Cn. Matius, der außer einer freien Übersetzung der Ilias auch Mimiamben, Szenen aus dem Leben in Choliamben (Hinkjamben), nach dem Muster des griechischen Dichters Herodas schrieb und damit eine neue Gattung bei den Römern einführte, und Laevius, Verfasser von Erotopaegnia (Liebesscherze), Gedichten mythologischen Inhalts in tändelnder Manier und in allerlei lyrischen Metren, mit Verskünsteleien und kühnen Wortschöpfungen. — Das erste große Lehrgedicht der römischen Literatur schuf in dieser Zeit Lucretius. Während sich dieser und andere Zeitgenossen noch in den Bahnen der homerisch-ennianischen Art bewegten, machte sich gleichzeitig eine neue Richtung geltend, welche sich die gelehrte und kunstliche Dichtung der Alexandriner (Kallimachus, Lykophron, Euphorion) zum Muster nahm und wie diese das Kleingedicht (Epyllion, Epigramm) pflegte. Die Modernen (Neoteriker) sahen es als wesentliche Eigenschaft des Dichters an, daß er doctus war, Belesenheit in der griechischen Mythologie zeigte. Besonders pflegten sie auch lyrische Gelegenheitspoesie (ludicra, nugae). In der Form strebten sie in Anlehnung an hellenistische Regeln die größte Feinheit und Sauberkeit an. Sie haben nicht nur viel zur Erweiterung des Gebietes der römischen Dichtung, sondern auch zu ihrer künstlerischen Ausbildung beigetragen und die Blüte der römischen Poesie in der Augusteischen Zeit vorbereitet.

§ 34. T. Lucretius Carus, ca. 97—55, von dessen Leben nur überliefert ist, daß er durch einen Liebestrank in Wahnsinn verfiel, in lichten Augenblicken seine Dichtung fortsetzte und durch Selbstmord endete, hat ein Memmius gewidmetes Lehrgedicht De rerum natura in 6 B. verfaßt, das er in unfertigem Zustande hinterließ; herausgegeben wurde es 54 durch Cicero. Diese einzige größere Dichtung epischer Form aus der Zeit der Republik ist in ihrer hohen und herben Schönheit eine hochbedeutende Erscheinung. Den Inhalt bildet die demokritisch-epikureische Welterklärung, durch die der religiös gestimmte Dichter sich beglückt fühlt, die ihm geeignet scheint, die Menschheit von ihren Hauptfeinden zu befreien, der Furcht vor den Göttern und vor dem Tode: wie alles Seiende sich aus Atomen zusammensetzt, auch der Geist des Menschen, so löst es sich wieder auf in Atome, alle Vorgänge vollziehen sich nach natürlichen Gesetzen ohne Eingreifen von Göttern. Vorbild für die poetische Behandlung eines philosophischen Gegenstandes ist ihm der Agrigentiner Empedokles, für Sprache und Versbau der von ihm hochgepriesene Ennius. Seine glühende Begeisterung gibt ihm Kraft und Ausdauer in der Überwindung der Schwierigkeiten, wie sie die Gestaltung eines spröden Stoffes in einer Sprache, die noch des Ausdrucks philosophischer Gedanken entbehrte, mit sich brachte. Ist auch die Darstellung oft trocken und farblos, so weiß er sie doch durch Beispiele aus Natur und Leben zu verschönen. Wo sich Gelegenheit bietet, poetisches Können zu zeigen, wie namentlich in den Proömien und in den Schilderungen, insbesondere der berühmten von der athenischen Pest am Schluß des Werkes, erweist er sich mit seiner starken Anschauungskraft als einen der größten Dichter Roms. Die Sprache ist rein und kräftig, vom Reiz des Altertümlichen umsponnen, der Versbau regelrecht und nur leise vom Hauch des Modernen berührt. Zeitgenossen und Spätere haben die Dichtung hochgeschätzt, insbesondere haben sie Virgil und Horaz fleißig gelesen und benutzt.

§ 35. C. Valerius Catullus, 87—54, aus einer begüterten und mit Cäsar befreundeten Familie in Verona, kam früh nach Rom und stand in engem Verkehr mit angesehenen Männern wie Hortensius, Cicero, Licinius Calvus, Cornelius Nepos, dem er eine Ausgabe seiner Gedichte gewidmet hat. Das Unglück seines Lebens war die Liebe zu der bei Beginn des Verhältnisses noch mit Metellus (60 Konsul) verheirateten Clodia, der ebenso schönen wie sittenlosen Schwester von Ciceros Gegner P. Clodius, die er in seinen Gedichten Lesbia nennt. Auch als er sie verachten gelernt hatte, konnte er sich nur schwer von ihr losmachen. 57 ging er im Gefolge des Proprätors C. Memmius nach Bithynien, in der Hoffnung, in der Provinz seinen Finanzen aufzuhelfen, wie damals üblich war. Im nächsten Jahre mit getäuschter Hoffnung zurückgekehrt, richtete er wie andere seines Kreises in Gedichten heftige Angriffe gegen Pompejus und Cäsar und besonders gegen des letzteren Günstling Mamurra; doch suchte er später die Aussöhnung mit Cäsar, die ihm sofort großmütig gewährt wurde. — Seine Gedichte sind nicht vollständig erhalten; wir besitzen noch 116 in einer dergestalt geordneten Sammlung, daß die größeren 61 bis 68 in der Mitte stehen und einerseits von den kleineren in jambischen und lyrischen Metren, anderseits von den Epigrammen im elegischen Maße eingeschlossen sind. Sie behandeln, umsponnen von griechischen Motiven, eine große Mannigfaltigkeit von Themen: teils beziehen sie sich auf das wechselnde Verhältnis zu Lesbia, teils sind sie an Freunde gerichtet, teils aber auch boshafte Epigramme; andere sind geradezu nach alexandrinischem Muster gedichtet, wie das von Attis in dem schwierigen galliambischen Metrum (63), das Epyllion von der Hochzeit des Peleus und der Thetis (64), das einzige uns vollständig erhaltene Beispiel der alexandrinischen Manier und überhaupt des erzählenden Epos aus republikanischer Zeit, die Elegie an Allius (68), zuweilen auch direkte Übersetzungen (62 aus Sappho, 66, Locke der Berenice, aus Kallimachus). Zu den schönsten Gedichten gehört das Hochzeitslied für Manlius (61) in anakreontischen Liedstrophen, der Wechselgesang zweier Chöre (62), das Gebet (76). Catull ist ein hochbegabter Dichter und unstreitig der größte Lyriker der Römer. Ein Mann von starken Empfindungen in Liebe und Haß, gibt er diesen, frei von jeder Berechnung und aufdringlicher Rhetorik, den unmittelbarsten Ausdruck in einer der augenblicklichen Stimmung sich wunderbar anpassenden Sprache. Wo er fremde Manier nachahmt, zeigt sich doch immer der eigene Geist. Auch in der Folgezeit war er ein vielgelesener Dichter.

§ 36. Andere Dichter der alexandrinischen Richtung. P. Terentius Varro Atacinus, aus dem Atacinergau in Gallia Narbonensis, geb. 82, behandelte als junger Mann, noch auf dem Boden der Ennianischen Tradition stehend, ein Thema aus der Zeitgeschichte im Bellum Sequanicum (Cäsars Krieg gegen Ariovist 58), warf sich dann aber im Alter von 35 Jahren mit großem Eifer auf das Studium der griechischen Literatur und schloß sich in seinen elegischen Dichtungen sowie in den nach Apollonius Rhodius frei bearbeiteten Argonautae, einem von den Alten hochgepriesenen Werke, und den Lehrgedichten Chorographia (Erdbeschreibung) und Ephemeris (Witterungskunde) an die Alexandriner an.

P. Valerius Cato, aus Gallia Cisalpina, der, nach dem Verlust seines Vermögens während der Sullanischen Wirren, zu Rom in ärmlichen Verhältnissen als Lehrer der Poetik wirkte und als Schulhaupt der Modernen großes Ansehen genoß, verfaßte erotische und mythologische Gedichte (Lydia, Diana) voll schwülstiger Gelehrsamkeit. In ihm hat man kaum mit Recht den Verfasser von zwei fälschlich unter Virgils Namen überlieferten Dichtungen Dirae und Lydia vermutet. In den Dirae (101 Hexameter) schleudert der Dichter Verwünschungen auf ein ihm von einem Veteranen entrissenes Landgut am Meere, die Lydia (80 Hexameter) enthält Klagen um die Trennung von einer Geliebten.

C. Helvius Cinna, Freund des Catull und mit diesem zusammen auch in Bithynien, verfaßte außer **Epigrammen** ein **Epyllion Zmyrna** (die sündige Liebe der kyprischen Königstochter Myrrha zu ihrem Vater behandelnd), an dem er 9 Jahre lang feilte, und ein **Propempticon** (Geleitgedicht) für Pollio, als dieser eine Reise nach Griechenland antrat; beide Gedichte waren so voll von Gelehrsamkeit und Dunkelheiten, daß sie schon früh kommentiert wurden.

Ebenfalls mit Catull befreundet und in seiner Abneigung gegen Cäsar ihm verwandt war C. **Licinius Calvus**, Sohn des Annalisten Licinius Macer (s. § 18), 82—48, als Redner ein Hauptvertreter der Attiker (s. § 24) wie als Dichter ein hervorragender Anhänger der neuen Richtung. Er verfaßte **Epigramme** und **erotische** Gedichte sowie ein **Epyllion Io**. In seinen Reden wie in seinen Dichtungen zeigte er trotz großer Leidenschaftlichkeit volle Herrschaft über die Form.

M. **Furius Bibaculus** aus Cremona verfaßte Scherz- und Spottgedichte aller Art in gleicher Schärfe wie Catull, namentlich gegen Cäsar und Octavian.

§ 37. Auf dem Gebiete des **Dramas** (s. § 23) gelangte in dieser Zeit die der Atellana verwandte Volksposse, der **Mimus**, zu kunstmäßiger Ausbildung. Ursprünglich ein als Intermezzo (**embolium**) bei Theateraufführungen dienender ausgelassener mimischer Tanz, gestaltete er sich zu einer aus Gesang, Tanz und Dialog bestehenden Posse, die bei den Floraspielen der Belustigung der Menge diente, auch als Nachspiel (**exodium**) bei den Theateraufführungen die Atellana verdrängte. Die Stoffe des Mimus waren zumeist dem niederen Volksleben entnommen und mit Vorliebe obszöne. Hauptzweck war, durch die ausgelassenste Komik die Lachlust des großen Publikums zu befriedigen. Ihm fehlte die Maske und der Theaterschuh (daher auch **planipes** genannt); neben dem Hauptdarsteller (**archimimus**) wirkte der Clown (**sannio**, Grimassenschneider) und der Einfaltspinsel (**stupidus**), meist ein betrogener Ehemann, und in den weiblichen Rollen traten wirklich

Frauen auf. Die Schauspieler standen gesellschaftlich auf der tiefsten Stufe. Wenn sich auch Tragödie und Komödie bis in die späteste Zeit auf der Bühne erhielten, so nahm doch fortan der Mimus unter den eigentlichen dramatischen Aufführungen den ersten Rang ein als die der Menge zusagendste Gattung. Zu der bei den höheren Ständen beliebtesten Art der Darstellung gestaltete sich der unter Augustus aufkommende Pantomimus, die von einem einzelnen Tänzer ausgeführte Darstellung eines dramatischen Gegenstandes durch bloßen Tanz und Gestikulation. — Mimendichter dieser Zeit sind:

D. Laberius, 106—43, ein römischer Ritter, den Cäsar aus Rache für seine freimütigen Äußerungen 46 zwang, selbst auf der Bühne aufzutreten und in einem improvisierten Mimus mit seinem von dem Diktator begünstigten Nebenbuhler Publilius Syrus einen Wettstreit zu bestehen; Cäsar wandte seinem Günstling den Preis zu, dem Laberius aber gab er die durch sein Auftreten als Schauspieler verlorene Ritterwürde zurück. Der ergreifende Prolog, mit dem Laberius den Mimus einleitete, ist ein schönes Denkmal dramatischer Redekunst und gibt eine hohe Vorstellung von der Begabung des Dichters. — Wir kennen von seinen Stücken 42 Titel und haben eine Anzahl Fragmente, welche Kühnheit in der Wortschöpfung, scharfen Witz und Freimut zeigen. Die Namen der Stücke zeigen eine bunte Mannigfaltigkeit und weisen auf Stoffe aus den verschiedensten Gebieten hin: teils sind sie von Ständen und Völkerschaften entnommen (Fullo, Restio, Piscator, Hetaera; Cretensis, Cretes, Gaetuli), teils von Charaktereigenschaften (Cacomnemon, Colax) oder von Familien- und Volksfesten (Nuptiae, Saturnalia) u. a., einzelne auch aus der Mythologie (Anna Perenna).

Publilius Syrus aus Antiochia, ein Freigelassener, der Zeitgenosse und Nebenbuhler des Laberius, berühmt auch als Darsteller und besonders als Improvisator. Aus seinen an Sprüchen praktischer Lebensweisheit reichen Mimen veranstaltete man frühzeitig eine alphabetisch angelegte Sammlung von Sprüchen (Publilii Syri sententiae), in jambischen Senaren oder trochäischen Tetrametern, aus der über 700 in verschiedenen Auszügen erhalten sind.

II. Die Augusteische Zeit.

§ 38. Augustus und sein Kreis. Augustus, 63 v. — 14 n. Chr., begünstigte aus politischen Gründen die Literatur und förderte sie durch Anlegung von zwei Bibliotheken (in der Säulenhalle der Octavia 33 und im Tempel des Apollo Palatinus, s. § 23), auch trat er selbst auf verschiedenen Gebieten produktiv auf. So beschäftigte er sich u. a. mit philosophischen und grammatischen Studien, hielt öffentliche Reden, an denen die Reinheit und Eleganz der Sprache und die Bestimmtheit des Ausdrucks gerühmt wird, und verfaßte eine Geschichte seines Lebens bis zum Jahre 27 in 13 Büchern; auch in der Poesie versuchte er sich. Erhalten ist eine nicht ganz vollständige Abschrift seines Index rerum gestarum, eines sachlichen Berichtes über seine politische Tätigkeit, nebst griechischer Übersetzung, an den Marmorwänden eines Tempels im galatischen Ancyra (Monumentum Ancyranum).

M. Vipsanius Agrippa, 63—12 v. Chr., niederer Herkunft, Jugendgenosse des Octavian, später in allen Unternehmungen des Krieges und des Friedens seine rechte Hand und seit 21 sein Schwiegersohn durch die Vermählung mit Julia, war auch als Redner und Schriftsteller tätig. Außer einer Selbstbiographie schrieb er commentarii geographischen Inhalts, wahrscheinlich eine Materialsammlung für eine Karte des römischen Reiches, welche in Rom an einem öffentlichen Platze aufgestellt werden sollte. Nach seinem Tode ließ Augustus die Weltkarte nach seinen Aufzeichnungen in der porticus Vipsania auf dem Marsfelde anbringen. Sie wurde vorbildlich für die graphische Darstellung des orbis terrarum: auf sie geht vermutlich mittelbar zurück die tabula Peutingeriana (s. § 91).

C. Cilnius Maecenas, ca. 70—8 v. Chr., aus ältestem etruskischen Adel, bekleidete bei Augustus die höchsten Vertrauensstellungen. Er diente ihm im Kabinett, vornehmlich als vermittelnder Unterhändler in diplomatischen Angelegenheiten. Sonst hielt er sich von politischer Tätigkeit möglichst fern und zog ein angenehmes Genußleben vor, in dem er sich an seinem Musenhof seiner Neigung zur Beschützung und Ermutigung aufstrebender Talente überlassen konnte. So war er der freundliche Gönner eines Varius Rufus, Virgil, Horaz, Properz u. a. Was er selbst verfaßte, war schwülstig und geziert.

C. Asinius Pollio, 76 v. — 5 n. Chr., beteiligte sich unter Cäsar am Bürgerkriege, trat später zu Antonius über und war Legat in Gallia Transpadana, wo er Virgil kennen lernte. Als Konsul kämpfte er siegreich in Dalmatien; bald darauf entzweite er sich mit Antonius und lebte fortan, als Anhänger der republikanischen Tradition politisch unbeteiligt, der Beschäftigung mit Literatur und Kunst. Er verfaßte von den Späteren als altmodisch bezeichnete Tragödien und Historiae in 17 Büchern, eine später viel benutzte (Appian, Plutarch) Geschichte des zweiten Bürgerkrieges vom Jahre 60 an, hauptsächlich aber war er als Redner und scharfer Kritiker tätig; doch warf man ihm vor, daß er diese Kritik nicht immer an sich selber übte: seine Ausdrucksweise war sorgfältig, aber ohne Anmut. Ein besonderes Verdienst erwarb er sich durch die Anlegung der ersten öffentlichen Bibliothek im Tempel der Libertas, 39, und durch die Einrichtung der Recitationes (s. § 23).

M. Valerius Messalla Corvinus, ca. 64 v. — 13 n. Chr., Studiengenosse des Horaz in Athen, focht auf seiten der Republikaner in hervorragender Stellung bei Philippi, schloß sich dann an Antonius an, verließ ihn aber bald wieder und versöhnte sich mit Octavian, unter dem er vielfach in Krieg und Frieden tätig war. Auch an den literarischen Bestrebungen der Zeit nahm er regen Anteil. An Cicero und durch Übersetzungen griechischer Redner hatte er sich zu einem der ersten Vertreter der damaligen Beredsamkeit herangebildet; besonders rühmte man an ihm die Reinheit und Glätte der sprachlichen Form. Auch mit grammatischen Studien beschäftigte er sich und verfaßte ein zeitgeschichtliches Werk. Wie Maecenas war er der Mittelpunkt eines Dichterkreises, zu dem Tibull und Ovid gehörten.

A. Poesie.

§ 39. P. Vergilius Maro war als Sohn eines Hofbesitzers geboren in dem Dörfchen Andes bei Mantua am 15. Oktober 70. Nachdem er in Cremona, Mailand und Rom philosophischen Studien obgelegen, kehrte er wegen Kränklichkeit nach Andes zurück, um hier der Dichtkunst zu leben. 41 durch Octavians Veteranen seines Landgutes beraubt, erlangte er es durch seinen Gönner Asinius Pollio, damals Präfekt der Provinz, zwar zurück, verlor es aber nach dessen Abberufung aufs neue und sah sich sogar mit dem Tode bedroht. Er wandte sich daher nach Rom und erhielt einen Ersatz dafür, wahrscheinlich durch die Vermittelung des Maecenas, dem seine Hirtenpoesie gefiel. Seitdem lebte er teils in Rom in angenehmem Verkehr mit Agustus, Pollio, Maecenas, Cornelius Gallus, Horaz, überhaupt den politisch und literarisch bedeutendsten Persönlichkeiten; am liebsten aber zog er sich in die Stille des ländlichen Lebens nach Kampanien oder Sizilien zurück. Um die Aeneis abzurunden, wollte er 19 eine mehrjährige Reise nach Griechenland und Asien unternehmen, kehrte aber schon in Athen auf Veranlassung des Augustus, den er dort traf, in dessen Gefolge um; unterwegs erkrankte er und starb am 21. September 19 zu Brundisium. Seine Gebeine wurden nach Neapel gebracht: noch heute zeigt man unter Weinpflanzungen sein (angebliches) Grab am Posilipo. — Sein Leben ist in folgendem Distichon, seiner vorgeblichen Grabinschrift, zusammengefaßt:

Mantua me genuit, Calabri rapuere, tenet nunc
Parthenope. Cecini Pascua, Rura, Duces.

Von seiner Persönlichkeit ist uberliefert, daß er hochgewachsen, von dunkler Hautfarbe, bäuerischen Gesichtszügen und sehr schwankender Gesundheit war. Beim Vortrage seiner Gedichte hatte seine Stimme einen lieblichen

Wohlklang; in der Unterhaltung war er schüchtern und zurückhaltend; überhaupt war eine zarte Scheu seinem Wesen aufgeprägt. Er war eine liebenswürdige, warm fühlende Natur, von hoher, idealer Gesinnung, die schwierige Aufgaben kräftig anfaßte und durchführte, durchaus ehrenhaft und aufrichtig, wenn er auch gern jede Schroffheit vermied.

Seinen Dichterruf begründete Virgil durch die Bucolica, 10 in der Zeit von 42—38 verfaßte und einzeln im Freundeskreise verbreitete, dann als Sammlung herausgegebene Gedichte, welche die Grammatiker Eclogae nennen. Mit einer Ausnahme (IV sibyllinisch) sind es Hirtengedichte, mit vielfach wörtlicher Benutzung den Idyllen Theokrits (um 270) nachgebildet, auf den ihn Pollio hingewiesen haben soll. Trotz des Reizvollen und Schönen, das diese Gedichte mit ihrer Friedenssehnsucht und ihrem stillen Glück bieten, reichen sie doch nicht an die Frische des Griechen heran, zumal wenn Virgil als Schöpfer der allegorischen Hirtenpoesie hinter den Hirten Zeitgenossen verbirgt, denen er offene und versteckte Anspielungen und Beziehungen auf die Gegenwart in den Mund legt. Aber gerade diese persönlichen Beziehungen scheinen in Rom einen besonderen Reiz ausgeübt zu haben.

Sein vollendetstes Werk sind die Georgica in 4 B. (I Kornbau; II Baumzucht; III Viehzucht; IV Bienenzucht), auf Anregung des Maecenas geschrieben und ihm zugeeignet. Gearbeitet hat er daran 7 Jahre (37—30), aber auch später noch wiederholt selbst größere Umänderungen vorgenommen (z. B. soll er 26 auf Drängen des Augustus das Lob des Cornelius Gallus, nachdem dieser in Ungnade gefallen, durch die Epyllien von Aristaeus und Orpheus IV 315 ff. ersetzt haben) und so schließlich ein vollendetes Kunstwerk von reinstem Wohllaut und feinster Detailmalerei geschaffen, das den spröden Stoff poetisch verklärte. Benutzt hat er Hellenisten (Nikander, Arat) und Varro, auch wohl die Erfahrungen der eignen Jugend. Es tritt besonders in diesem Werk das warme patriotische Gefühl und die reine, edle Gesinnung des Dichters hervor.

Im Vergleich zu seiner plastischen und schwungvollen Sprache und zu den glatten Versen klang fortan Lukrez, den er gründlich benutzt hat, veraltet.

Gleich nach Vollendung der Georgica begann Virgil ein neues Werk, zu dem ihm Octavian das Thema gestellt haben soll, die Aeneis, in 12 B., ein gewaltiger Wurf neben all der Kleinkunst andrer. Wie es heißt, hat Virgil den zunächst in Prosa ausgearbeiteten Stoff nicht in der Ordnung des Entwurfes zur poetischen Gestaltung gebracht, sondern je nach Stimmung bald hier bald da. Nur langsam schritt das Werk fort, da er nicht die Gabe leichter Produktion hatte, anderseits umfängliche Studien machte bei Dichtern, griechischen (Homer, den Alexandrinern) wie römischen (von Naevius und Ennius an bis auf Lucrez und seine Zeitgenossen), und Proasikern: vornehmlich haben ihm Catos Origines und Varros antiquarische Schriften für das italische Altertum, der Stoiker Posidonius für die eschatologischen Vorstellungen B. VI als Quellen gedient. Bei seinem Tode hatte Virgil das nach zehnjähriger Arbeit noch unfertige Gedicht seinen Freunden Varius Rufus und Plotius Tucca unter der Bedingung vermacht, es nicht zu veröffentlichen; auf Befehl des Augustus gab es jedoch Varius heraus, im wesentlichen in dem Zustande, wie er es vorgefunden. — Der erwählte Stoff bot dem Homeriden den Vorteil, in den Seefahrten des Aeneas und den Kämpfen in Latium der Odyssee und Ilias entsprechende Darstellungen zu vereinigen, was in je 6 Büchern geschehen ist, ferner die griechische Mythenwelt mit der heimischen Sagengeschichte zu verbinden; zugleich verstattete er, ungezwungen die Verherrlichung des Julischen Geschlechtes anzuknüpfen, das seinen Ursprung auf den mit Aeneas' Sohn Ascanius gleichgesetzten Iulus zurückfuhrte, und so Vergangenheit mit Gegenwart, Verheißung mit Erfüllung zu verbinden. Natürlich mußte der Sagenstoff durch Abänderungen, Kürzungen und Erweiterungen brauchbar gemacht werden. Im dynastischen Interesse war Augustus viel an der Veröffentlichung des Epos gelegen, durch das er „im Spiegelbild seiner Ahnen als der Neugründer des alten Rom erschien". Die Nachahmung Homers erstreckt sich auf Kunstmittel (Ich-Erzählung, Schildbeschreibung) und ganze Szenen (Leichenspiele). Gedanken und Beispiele sind ihm entlehnt, Stil und Sprache ihm nachgebildet. Besonders in den Kampfschilderungen ist Virgil von ihm abhängig. Ein mythographisches Handbuch benutzte er in der schönen Erzählung von Trojas Zerstörung. Selbständig ist Virgil im Aufbau der Handlung: künstlicher Hintergrund, dramatisch gedachte Szenen, Katastrophen, Lösungen. Keine Episoden oder lange Gespräche, dafür wuchtige Reden, starkes Pathos, immer neue Höhepunkte der Wirkung. Daneben freilich inhaltliche Widersprüche und Unfertigkeiten, keine streng· Durchfuhrung der Motive, Mangel an Einheit. Das Ganze ist ein Werk gewissenhaften Studiums, von echt römischer Stimmung, in erhabener, leise altertümlich bronzierter Sprache mit allerlei Neuerungen und Gräzismen und in Versen von entzückendem Tonfall. Es fehlt freilich dem wuchtigen Pathetiker bei seinen „rauschenden Wort- und Verssymphonien" die homerische Jugendfrische und originale Kraft. Weichmütig und unentschlossen, von den Göttern geschoben, erscheint der Hauptheld, der fromme Aeneas, gegenüber der Naturwuchsigkeit der homerischen Helden. Diesem Mangel, der in der Natur der Sache begründet war und Virgil selbst nicht verborgen blieb, hätte auch durch weitere Arbeit des Dichters nicht abgeholfen werden können; wohl aber hätten einzelne Unvollkommenheiten durch Angleichung der zu verschiedenen Zeiten geschriebenen Teile beseitigt werden können, sowie die unvollständigen Verse. Man verkannte im Altertum die dem Werke anhaftenden Schwächen nicht; dennoch betrachteten es die Römer als ihr Nationalepos.

Schon bei Lebzeiten genoß Virgil eine Anerkennung wie kein anderer Dichter. Auch nach seinem Tode erhielt sich sein Ansehen und steigerte sich im Lauf der Zeit immer mehr. Früh schon und bis in die spätesten Zeiten wurden seine Gedichte und insbesondere die Aeneis als Schulbuch benutzt, teils zu Leseübungen, teils um poetische und rhetorische Übungen daran zu knüpfen, und wie Homer für die griechische so wurde Virgil für die lateinische Schulgrammatik Mittelpunkt der Sprachstudien. Früh auch fand er gelehrte Erklärer. Wertvolle Überreste dieser gelehrten Tätigkeit sind in verschiedenen Scholiensammlungen, besonders in dem erweiterten Kommentar des Servius (s. § 100), erhalten. Kein anderer Dichter hat auf die weitere Entwickelung der römischen Poesie solchen Einfluß geübt wie Virgil: die epischen und didaktischen Dichter bis in die christlichen Zeiten hinab sahen in ihm ihren Meister. Ja, man flickte aus Virgilischen Brocken neue Gedichte zusammen: derart sind die Tragödie Medea eines Hosidius Geta und die biblischen Geschichten der Christin Proba. — Auch im gewöhnlichen Leben waren Zitate aus Virgil häufig; so bediente man sich seiner Verse als einer Art Orakel (Stichomantie; sortes Virgilianae), ähnlich wie in früheren Zeiten der Bibel. In Neapel, wo Virgil im Leben so gern geweilt hatte, und wo sein Grab war, gestaltete er sich im Volksglauben allmählich zum mächtigen, wohltätigen Beschützer der Stadt. Im weiteren Verlauf des Mittelalters galt er allgemein für einen großen Zauberer, bezeichnenderweise immer in menschenfreundlicher Wirksamkeit. Auch für einen trotz seines Heidentums gottbegnadeten Propheten galt er, indem man in Ecl. IV eine messianische Weissagung fand. Seine Beschreibung der Unterwelt in B. VI der Aeneis wurde der Urtypus der christlichen Vorstellung von Paradies und Hölle, daher ihn auch Dante in der Divina commedia zum Führer nimmt. Schon fruh endlich fand gerade die Aeneassage, allerdings nicht ohne Entstellungen, in französischer und deutscher Sprache Bearbeiter.

Unter Virgils Namen, angeblich aus seiner Jugendzeit stammend, gingen schon im Altertum eine Reihe kleinerer Gedichte, so außer den Dirae und der Lydia (s. § 36) das Lehrgedicht Aetna uber Vulkanismus nach stoischer Theorie, jedenfalls vor dem Ausbruch des Vesuvs 79 verfaßt. Ferner Culex (eine Mücke, die einen im Schlaf von einer Schlange bedrohten Hirten durch ihren Stich zu rechter Zeit geweckt hat, aber von ihm beim Erwachen

zerdrückt worden ist, schildert ihm im Traum weitläufig
die Unterwelt), formell korrekt, aber geschmacklos, vielleicht vom jungen Virgil nach einem griechischen Epyllion
gedichtet; Ciris (Verwandlung der Scylla, Tochter des
Nisus, in den Meervogel Ciris), von einem Nachahmer des
Catull und Virgil; Morēˌum (das Mörsergericht, das sich
der Bauer Simylus in der Morgenfrühe als Tageskost bereitet), ein anmutiges und lebenswahres Genrebild; Copa
(eine Schenkin lädt zur Einkehr ein), in elegischem Maße, in
lustiger, fast übermütiger Darstellung; das Catalepton
(Kleinigkeiten: nach Arats $τὰ\ κατὰ\ λεπτόν$ genannt),
eine Sammlung von 14 Gedichten in verschiedenen Maßen,
ungleich an Wert, teilweise dem Catull nachgedichtet:
einzelne davon scheinen von Virgil herzuruhren.

§ 40. Q. Horatius Flaccus, geboren am 8. Dez. 65
zu Venusia in Apulien als Sohn eines Freigelassenen. Obwohl nur Besitzer eines mageren Gutchens, wollte der Vater
dem Sohne einen besseren Unterricht angedeihen lassen, als
ihn die Landstadt bieten konnte, und siedelte nach Rom
über, wo er das Amt eines Einsammlers der Geldbeträge
bei Auktionen (auctionum coactor) versah. Hier besuchte
der junge Horaz u. a. die Schule des Orbilius Pupillus
(s. § 30). Dann ging er 45 nach Athen zu seiner höheren
Ausbildung, besonders in der Philosophie. Als Brutus im
Sommer 44 dorthin kam und die studierende römische
Jugend zur Verteidigung der Freiheit aufrief, folgte auch
Horaz diesem Rufe: er begleitete Brutus nach Asien und
Mazedonien und kämpfte als tribunus militum 42 bei
Philippi mit. Durch die Flucht dem Tode entgangen, erhielt er zwar Amnestie, fand aber, in die Heimat zuruckgekehrt, sein väterliches Gütchen bereits in den Händen
der Veteranen. Doch besaß er noch so viel, um sich in Rom
eine Stelle als Kanzleibeamter (scriba) bei der Quästur zu
kaufen. Durch Gedichte, in denen er, durch die Armut,
wie er selbst sagt, kühn gemacht, seiner Verstimmung
über die Verhältnisse durch kecke, rucksichtslose Angriffe
gegen Personen und Zustände Luft machte, wurde er mit
Virgil und Varius bekannt, und diese stellten ihn 38 dem

Maecenas vor, der ihn erst nach 9 Monaten unter seine
Hausfreunde aufnahm. Es knupfte sich nun zwischen
beiden ein festes Freundschaftsverhältnis: Maecenas
schenkte ihm um 33 ein Gutchen im Sabinerlande, nicht
weit von Tibur. Auch Augustus erwies sich ihm freigebig
und hätte ihn gern in seine nächste Umgebung als Geheimsekretär gezogen; doch Horaz wußte solche direkte Abhängigkeit so geschickt abzulehnen, daß ihm Augustus
nicht zürnte; überhaupt verstand er es, seinen vornehmen
Freunden gegenuber seine Freiheit zu wahren. In behaglicher Zurückgezogenheit auf dem Lande oder auch zu Rom
weilend, lebte er nur fur seine Freunde und seine poetische
Tätigkeit. Kurz nach Maecenas, wie er es schelmisch vor-
ausgesagt, ereilte ihn der Tod, am 27. Nov. 8 v. Chr., und
neben jenem wurde er am N.O.-Abhange des Esquilinus begraben. — Seine Personlichkeit schildert er selbst: klein
von Körper, beleibt, dunkelhaarig, aber vorzeitig ergraut,
leicht aufbrausenden Temperamentes, aber auch ebenso
schnell wieder zu besänftigen.

Horaz war von ungewohnlicher Verstandesschärfe,
nuchtern und unbefangen in Beurteilung der Verhältnisse,
von feinem Taktgefühl und herzlichem Empfinden. Wir
können seinen Entwickelungsgang genau verfolgen und
sehen, wie er aus der jugendlich uberschäumenden Leidenschaftlichkeit in Leben und Dichten allmählich sich zu
größerer Reife und Klarheit hindurcharbeitet, wie, er nicht
unerreichbaren Idealen nachjagt, sondern mit richtiger
Menschenkenntnis und mit ruhiger Abwägung das Mög-
liche festhält und mit den Tatsachen sich abzufinden versteht. Die starre Konsequenz eines Cato besaß er nicht,
aber auch nicht den Fanatismus eines Renegaten; und
indem er sich auf politischem wie philosophischem Gebiet
von Extremen fernhielt, wußte er auf diesem eine gewisse
Mittellinie zu beobachten und auf jenem durch kluge Zu-
ruckhaltung seine persönliche Unabhängigkeit sich nach
Kräften zu wahren. Der reiche Schatz gerade dieser praktischen Weltklugheit, den er in seinen Dichtungen nieder-
gelegt hat, und die offene Naturlichkeit seines Empfindens

haben seine Gedichte zu einem teuren Gemeingut aller Zeiten werden lassen, so daß geistvolle Männer immerdar mit dem klugen Kopf in innigem Verkehr gestanden haben.

Die dichterische Tätigkeit des Horaz begann etwa mit dem Jahre 41 und erstreckt sich fast über 30 Jahre. Er war theoretisch wie produktiv der Führer der neuen literarischen Bewegung, die tiefen Gehalt und edle Kunstform verlangte. Das Werk, mit welchem er zuert an die Öffentlichkeit trat, war eine um 35 v. Chr. herausgegebene, dem Maecenas gewidmete Sammlung von Satiren, von ihm selbst wegen der von der Prosa sich nur durch die hexametrische Form unterscheidenden Darstellung als Sermones (Plaudereien: *Musa pedestris*) bezeichnet. Nach seinem Vorbilde Lucilius, dessen harsche Kraft er durch urbane Grazie ersetzt, erortert er in ihnen die verschiedenartigsten Gegenstände: er bringt persönliche Verhältnisse zur Besprechung oder richtet lehrhafte Diatriben gegen die Verkehrtheiten der Zeit, nicht mit der Leidenschaftlichkeit wie in einem Teil der früher und gleichzeitig gedichteten Epoden: er betrachtete die Verhältnisse schon mehr mit einem gewissen Humor und zieht es vor *ridendo dicere verum*. Noch mehr gilt dies von dem um 30 veröffentlichten, erheblich gereifteren zweiten Satirenbuch, das sich auch durch die Form der Einkleidung von dem ersten unterscheidet, indem der Dichter nicht mehr, wie dort uberwiegend, selbst spricht, sondern andere sprechen läßt und höchstens den Mitredner spielt. Auch den Zyniker Bion (ca. 300) nennt er in den Satiren als sein Vorbild.

Etwa gleichzeitig mit dem zweiten Buche der Satiren gab Horaz die einen Teil seiner frühesten Gedichte enthaltende Sammlung der Epoden heraus, auf Wunsch des Maecenas, dem sie auch gewidmet ist. Die Bezeichnung Epodi ist von den Grammatikern eingeführt nach der Beschaffenheit der meisten Gedichte — ein kurzer Nachvers, $\dot{\varepsilon}\pi\varphi\delta\acute{o}\varsigma$, nach einem längeren Kolon. Er selbst nannte diese Gedichte Iambi. Vorbild ist hier Archilochus, dessen Formen er einfuhrte, und dem er auch anfangs in Schärfe und Heftigkeit nachahmte. Mit dem Abnehmen seiner Verbitterung tritt dieser Ton immer mehr zuruck, und einzelne Gedichte zeigen schon die geklärtere Stimmung seiner späteren Oden.

Von diesen, die er selbst Carmina nennt, sind die ersten drei Bücher als eine dem Maecenas gewidmete Sammlung 23 v. Chr. herausgegeben. Er betrachtete damit seine lyrische Dichtung als abgeschlossen. Daß er sich ihr später wieder zuwandte, geschah auf Veranlassung des Augustus. Dieser erteilte ihm den ehrenvollen Auftrag, fur die im J. 17 veranstalteten ludi saeculares das Festlied, Carmen saeculare, zu dichten, welches von einem Chor von 27 Knaben und 27 Mädchen zu Ehren von Apollo und Diana auf dem Palatin und auf dem Kapitol gesungen wurde. Da er sich dem weiteren Wunsche des Augustus, von ihm die Taten seiner Stiefsöhne Drusus und Tiberius im J. 15 besungen zu sehen, nicht entziehen konnte, so verband er mit den beiden darauf bezuglichen Gedichten eine Anzahl anderer zu einer ca. 13 herausgegebenen Sammlung. Die 4 Bucher der Carmina haben das Verdienst, die Formen der äolischen Lyrik, namentlich des Alcaeus und der Sappho, in Rom heimisch gemacht zu haben: es ist eine Abkehr von den Alexandrinern zu den Althellenen. Horaz begann mit freien Nachdichtungen griechischer Vorbilder, um zu selbständigen Schöpfungen in römischem Geist vorzuschreiten. Die Lieder behandeln die verschiedensten Stoffe: persönliche sowohl (Leben, Liebe, Freundschaft) als auch allgemeine (Politik, Religion). Wenn auch diese ganze Art der Dichtung, entsprechend der gesamten Anlage des Horaz, bei ihm weniger aus natürlicher Begeisterung entspringt, als vielmehr ein Produkt der Reflexion und sorgfältigen Studiums ist, so zwingt doch seine feine Beobachtungsgabe, die Weisheit kluger Lebensfreude, der süße Wohllaut der Sprache und die vollendete Technik zur Bewunderung. Die Lieder sind von ungleichem Wert. Als Höhepunkt bezeichnet man gewöhnlich seine 6 sog. Römeroden in B. III, doch entzücken mehr die kleinen Lieder heiteren Lebensgenusses. Die Drusus- und

Tiberiusode in B. IV sind Beispiele pindarischen Schwunges, der ihm innerlich fremd war.

Nach der Vollendung der ersten Odenausgabe wandte sich Horaz wieder seinen Plaudereien zu, gab ihnen jedoch in milderer Tönung die Form von Briefen, indem er sie an bestimmte Personen richtete. Im J. 20 gab er die erste Sammlung der Epistulae heraus, die wieder dem Maecenas gewidmet ist. Dem Inhalte nach sind die Briefe des ersten Buches zum Teil wirkliche Gelegenheitsbriefe, bald behandeln sie eine bestimmte Aufgabe zum Zweck der Belehrung. Namentlich geht Horaz hier auch auf seinen philosophischen Standpunkt ein: ursprünglich Anhänger des Epikur, besonders auch in bezug auf den Götterglauben, nähert er sich allmählich der anfangs verspotteten ernsteren Richtung der Stoiker, ohne indessen, wie er selbst mit liebenswürdigem Humor gesteht, in der Praxis die philosophische Theorie konsequent zur Anwendung bringen zu können. — Von Augustus aufgefordert, auch an ihn einen Brief zu richten, verband Horaz diesen Brief mit zwei anderen, schon früher verfaßten und gab sie als zweites Buch ca. 14 heraus. Alle 3 Briefe, „die reifste Schöpfung in lateinischer Sprache", behandeln literarische Fragen, insbesondere der dritte, der an einen Piso (wahrscheinlich Cn. Piso, Kons. 23) und dessen Söhne gerichtet ist. Diese epistula ad Pisones, von Quintilian als besonderes Buch de arte poetica bezeichnet, ist keine systematische Poetik, sondern behandelt in zwangloser Folge eine Reihe von Punkten, die Horaz bei der dichterischen Produktion, namentlich der dramatischen, besonders beachtenswert erschienen, im Anschluß an griechische Kunsttheoretiker, aber mit durchaus selbständigem Urteil.

Schon von seinen Zeitgenossen wurde Horaz als Dichter hoch geschätzt; in der Folgezeit wurden seine Dichtungen neben Virgil, der immer der Lieblingsdichter der Römer blieb, in den Schulen gelesen, auch vielfach kommentiert. Erhalten hat sich der Kommentar des Porphyrio (s. § 89).

§ 41. Die erotische Elegie entwickelte aus dem erotischen Epigramm der Alexandriner C. Cornelius

Gallus, 69—26, aus Forum Iulii (Gallia Narbonensis), befreundet mit Virgil und Pollio, niederer Herkunft, aber bei seinem ehemaligen Mitschuler Octavian in hoher Gunst und wegen seiner Verdienste im Kriege gegen Antonius (30) zum Statthalter von Ägypten eingesetzt; später zog er sich durch Hochmut die Ungnade seines Gönners zu und endete durch Selbstmord. In seinen 4 Büchern Elegien feierte er besonders die Lycōris (= Cythēris, eine Freigelassene und Mimendarstellerin). Namentlich schloß er sich dem dunkeln Euphorion (ca. 250) an. Für seinen Gebrauch verfaßte der Grieche Parthenius aus Nicaea, der, seit 73 in Rom, neben Valerius Cato die Modernen stark beeinflußte, die erhaltene Sammlung von unglücklichen Liebschaften (περὶ ἐρωτικῶν παθημάτων). Seine nächsten Nachfolger waren Tibull, Properz und Ovid.

Albius Tibullus, ca. 54—19, aus einer Ritterfamilie, lebte, wiewohl auch er in seinem Besitz durch die Äckerverteilungen an die Veteranen Octavians geschädigt worden war, in einem gewissen Wohlstande. Unter seinem Gönner Messalla machte er einen Kriegszug nach Aquitanien mit (28); ihm auch nach Asien zu folgen, wurde er durch Erkrankung auf Corcyra gehindert. Befreundet war der jugendlich schöne und liebenswürdige Dichter mit Horaz, der an ihn carm. I 33 und epist. I 4 gerichtet hat, und mit dem etwas jüngeren Ovid, der ihm einen warmen Nachruf gewidmet (Am. III 9). Den Alten galt Tibull der Begabung nach als der erste Meister der Elegie.

Unter seinem Namen sind vorhanden 4 B. Elegien, von denen ihm jedoch nur die beiden ersten ganz gehören. In diesen sind am vollendetsten die fünf Elegien des ersten Buches (1. 2. 3. 5. 6) an Delia (= Plania), welche verschiedene Phasen eines Liebesverhältnisses darstellen. In ihnen besonders zeigt sich der Reichtum seiner gleitenden Phantasie und sein weiches Gemüt mit dem Ausdruck ungekünstelter, warmer Empfindung, die den Prunk mythologischer Gelehrsamkeit verschmäht. Liebespein, ländliche Idylle, Friedenssehnsucht sind seine Akkorde, feinster Schwingungen voll. Nicht auf gleicher Höhe stehen diejenigen Gedichte im zweiten Buch, welche ein Verhältnis zu einer anderen Geliebten Nemesis zum Gegenstande haben. — Das ganze 3. Buch ist von einem jüngeren, 43 geborenen Dichter Lygdămus (Pseudonym), einem wenig begabten Nachahmer des Tibull und Ovid; es bezieht sich auf die unglückliche Liebe des Verfassers zu Neaera, seiner von ihm getrennten früheren Gattin. — In Buch IV ist das erste Gedicht, Laudes Messallae (verfaßt im J. 31), ein schülerhafter, bettelbriefartiger Panegyricus eines Unbekannten. Von den übrigen 11 Gedichten, welche sich auf das Liebesverhältnis zwischen Sulpicia, einer Nichte des Messalla, und Cerinthus (wie man vermutet, Cornutus, Freund des Tibull) beziehen, sind die 6 letzten (7—12) von Sulpicia selbst verfaßt, kurze Billets an den Geliebten, aus herzlicher Empfindung geflossen, aber noch ungeschulte Mädchenpoesien. Sie haben Tibull den Anstoß gegeben zu den zarten und lieblichen, den Delia-Elegien würdig zur Seite stehenden Gedichten 2—6. Außerhalb dieser Tibullisches und fremdes Gut vereinigenden Sammlung, die aus dem Kreise des Messalla stammt, sind noch 2 Gedichte unter seinem Namen überliefert.

§ 42. S. Propertius aus Asisium in Umbrien, ca. 50—15. Auch seine Familie verlor einen Teil ihres Besitzes durch die Äckerverteilungen. Properz kam fruh nach Rom und schloß sich hier an den Kreis des Maecenas an; er war auch mit Ovid befreundet. In seinen Liedern feierte er besonders sein wechselndes, aber immer leidenschaftliches Verhältnis zur schönen und geistreichen Cynthia (= Hostia).

Seine Elegien sind in vier Büchern überliefert; doch ist es wahrscheinlich, daß im 2. Buch gegen die Absicht des Dichters 2 verschiedene Bücher (II 1—9 und 10—32) verbunden und daher eigentlich fünf Bücher anzunehmen sind. Das erste Buch hat er nach Mimnermus' Nanno genannt Cynthia und 28 zuerst allein herausgegeben. Während der Inhalt der 3 (4) ersten Bücher vorwiegend erotisch ist, behandelt die Mehrzahl der Gedichte des letzten Buches Stoffe aus der römischen Vorzeit nach Art der Aitiagedichte in Ovids Fasten. Den Schluß dieses

Buches bildet das schöne Trostlied wegen des Todes der Cornelia, der Gattin des Paulus, „die Königin der Elegien".
— Properz bildet insofern einen Gegensatz zu seinem Vorgänger Tibull, als er sich bewußt an gelehrte alexandrinische Dichter, besonders Kallimachus und Philetas, anschließt. Dabei büßt er durch den mythologischen Schmuck an Natürlichkeit ein und verliert sich leicht in das Dunkel rhetorischer Reflexion; doch bricht immer wieder das wahre Gefühl durch. Seine Gedankengänge sind oft unvermittelt und abspringend. Er zeigt dichterische Kraft, reiche Phantasie, leidenschaftliche Glut und bewegt sich in weiteren Gedankenkreisen als Tibull. Sichtlich ringt er mit Sprache und Rhythmus, um den Gedanken zum Ausdruck zu bringen. Goethe fühlte sich durch ihn zu seinen römischen Elegien begeistert.

§ 43. P. Ovidius Naso, 43 v. — 17 n. Chr., war geboren zu Sulmo im Lande der Päligner am 20. März 43 aus beguterter, altritterlicher Familie. Über seine Lebensverhältnisse gibt er selbst ausfuhrliche Nachrichten Trist. IV 10. In Rom, wohin seine Eltern zogen, genoß er eine sorgfältige Erziehung und errang bei seinen Talenten schon früh in den Rhetorenschulen Erfolge. Nachdem er zur Vollendung seiner Bildung eine Reise nach Griechenland und Asien gemacht, trat er auf Wunsch seines Vaters in den Staatsdienst und bekleidete mehrere untergeordnete Ämter, gab aber diese ihm nicht gemäße Laufbahn bald auf, um fortan in Rom oder auf dem Lande in heiterem Genuß zu leben: ein gern gesehener Gast im Kreise des Messalla und befreundet mit Aemilius Macer (s. § 44), Properz und anderen, namentlich den jüngeren Dichtern, bekannt in der ganzen Stadt durch seine erotischen Dichtungen auf Corinna (Pseudonym). Nach zweimaliger Scheidung lebte er mit seiner dritten Frau aus angesehenem Geschlecht in angenehmer Häuslichkeit. Aus diesen glucklichen Verhältnissen wurde er plötzlich 8 n. Chr. durch das Machtgebot des Augustus nach dem unwirtlichen Tomi (südlich von den Donaumündungen) verwiesen. Der Grund läßt sich nicht genau ermitteln, da Ovid selbst immer nur unbestimmte Andeutungen darüber macht. Er gibt zwei *crimina* zu, *carmen et error*. Das erstere geht auf seine frivolen erotischen Dichtungen, die des Herrschers Streben nach sittlicher Regeneration der Gesellschaft paralysierten. Dann hat er nach seinen Äußerungen eine in höheren Kreisen begangene strafbare Handlung unabsichtlich mit angesehen, aber aus Furcht darüber geschwiegen. Es handelte sich wohl um den Ehebruch der in dem gleichen Jahre verwiesenen jüngeren Julia, des Augustus Enkelin. Den weichlichen und durch das Glück verwöhnten Weltstadtpoeten machte sein schweres Geschick völlig haltlos: unablässig winselt er in demütiger Weise um Begnadigung oder wenigstens Versetzung aus jener Barbarengegend an einen anderen Aufenthalt. Und schon schien es, als ob Augustus sich erweichen ließe, da starb er, und damit schwand fur Ovid jede Hoffnung. Erst der Tod erlöste ihn; in der Nähe von Tomi wurde er begraben.

In die erste Periode der dichterischen Tätigkeit Ovids (etwa 22 v. — 1 n. Chr.) fallen außer der Tragödie Medea (s. § 44) zwei Sammlungen erotischer Elegien und drei Lehrgedichte, ebenfalls auf die sinnliche Liebe bezüglich und in elegischem Metrum.

Amores in 3 B., die zweite Ausgabe einer Sammlung in 5 B., zumeist poetische Studien über typische Situationen und Motive der Erotik in Abhängigkeit von den Alexandrinern und der Komödie, darunter wohl mancherlei Selbsterlebtes (Corinna), aber aus üppiger Phantasie frei ausgeschmückt, witzig, mutwillig und frivol. Sicher haben die pikanten Schilderungen ihnen einen weiten Leserkreis verschafft und die Moral nachteilig beeinflußt.

Heroïdes (Epistulae), 21 Briefe, davon 15 bis auf den einen der Sappho von Frauen der Heroenzeit an ihre fernen Liebhaber und drei Doppelbriefe (hinsichtlich ihres Ovidianischen Ursprungs verdächtigt) zwischen Liebespaaren, nach den verschiedenen Situationen passend ersonnen, aber stark rhetorisch.

De medicamine faciei, ein Fragment von 100 Versen, von Schönheitsmitteln handelnd.

Ars amatoria in 3 B., von denen I und II den Männern Mittel angibt, Liebe zu erwerben und zu fesseln, B. III den Mädchen. Das Ganze behandelt nur die sinnliche Liebe, ist aber von diesem Standpunkt aus in psychologisch feiner Weise mit Sachkenntnis und Humor durchgeführt, die gelungenste Schöpfung dieses Großstadtkenners.

Remedia amoris, von den Mitteln, von einer lästigen Leidenschaft loszukommen; ebenfalls von vielseitiger Beobachtung zeugend.

Nach dem Abschluß der erotischen Dichtung beschäftigte sich Ovid bis zu seiner Verbannung mit der poetischen Behandlung von Stoffen der griechischen und römischen Mythologie in den Metamorphosen und den Fasten.

Die 15 B. Metamorphoses, in Hexametern, geben nach griechischen Vorbildern, bes. Nikander und Parthenius, aber in freier Gestaltung eine bunte Reihe von Verwandlungssagen vom Chaos und Weltanfange an bis auf Cäsars Verwandlung in einen Stern. Die lange Reihe der Mythen ist stofflich, wohl nach einem mythographischen Handbuch, in fortlaufenden Zusammenhang ($\varkappa \acute{\upsilon} \varkappa \lambda o \varsigma$) gesetzt. Zu dem kunstvollen Aufbau kommt die bewunderungswürdige Frische und Lebendigkeit der oft auch humorvollen Darstellung, die den Leser nie ermuden läßt. Das Werk ist das anziehendste Geschichtenbuch des Altertums. Freilich ist es ohne die letzte Feile geblieben: Ovid hatte es beim Abgang aus Rom in seiner Verzweiflung verbrannt; doch existierten damals schon mehrere Abschriften davon.

Fasti, ein aitiologischer Kommentar zum römischen Festkalender in elegischem Maß, enthaltend die Schilderung der Festgebräuche und deren Veranlassung, schon vor der Verbannung begonnen und auf 12 Bucher angelegt, von denen Ovid jedoch nur 6 vollendet hat fur die ersten Monate des Jahres. Ursprünglich war das Werk dem Augustus gewidmet; nach dessen Tode wollte Ovid es dem Germanicus widmen und fing eine Umarbeitung an, die aber nicht uber das erste Buch hinaus gediehen ist. Das Werk ist wichtig für unsere Kenntnis der römischen Mythologie und des Kultus; Quelle dafür war wohl hauptsächlich Varro.

Den letzten Unglücksjahren in der Verbannung gehören zunächst an die Tristia in 5 B., deren erstes auf der Reise nach Tomi gedichtet und vor seiner Ankunft nach Rom geschickt ist und u. a. eine prachtvolle Schilderung der Seefahrt enthält; das zweite ist ein Brief an Augustus, eine Selbstverteidigung mit der Bitte um Anweisung eines milderen Aufenthaltsorts; die drei anderen enthalten an ungenannte Freunde, seine Frau und Tochter gerichtete Elegien und behandeln in Variationen immer nur dasselbe Thema: Klagen über das trostlose Leben in Tomi; besonders rührend sind die Briefe an seine Gattin.

Eine Fortsetzung dazu sind die vier langweiligen Bücher Epistolae ex Ponto, gerichtet an namhaft gemachte Personen: sie zeigen den Dichter völlig gebrochen und bestrebt, durch Schmeicheleien (nach IV 13, 19 hatte er sogar ein Lobgedicht in getischer Sprache auf den verstorbenen Augustus und die kaiserliche Familie, besonders Tiberius, gedichtet) und Bitten die Erlaubnis zur Rückkehr zu erlangen.

Wie diese ist in elegischem Maße auch verfaßt Ibis (betitelt nach dem Schmähgedichte des Kallimachus gegen Apollonius Rhodius), voll Verwünschungen gegen einen ungenannten Feind, vielfach dunkel.

Als Fragment hat Ovid hinterlassen Halieutica, ein Lehrgedicht über die Fische des Schwarzen Meeres, nach griechischen Vorbildern verfaßt (130 Hexameter).

Ovid ist unter den römischen Dichtern der talentvollste und geistreichste, ganz im Geschmack der neuen Zeit. Sprache und Metrum handhabt er mit spielender Leichtigkeit: *quidquid temptabam dicere, versus erat.* In der Form zeigt er die größte Zierlichkeit und Glätte. Er besitzt überreiche Erfindsamkeit, blendenden Witz, überraschendes Anempfindungsvermögen, fabelhaftes Gedächtnis und das anmutigste Erzählertalent. Aber bei dem Mangel an sittlichem Ernst und Kraft vermag dieser tändelnde Rhetoriker mit seiner vollkommenen Technik keinen tieferen Eindruck zu hinterlassen. Die mühelose Leichtigkeit in der Gestaltung des Stoffes verführt ihn zu Oberflächlichkeit, Aufdringlichkeit und frivoler Spielerei. Er hätte Großes leisten können, urteilt Quintilian von ihm, wenn er, einmal im Zuge, rechtzeitig aufzuhören verstanden hätte. Seine Hauptstärke sah er selbst in der Elegie, für die er dasselbe zu sein glaubte was Virgil für das Epos. Jedenfalls hat er das elegische Versmaß zur Vollendung geführt. Auch er hat nachhaltigen Einfluß auf die Folgezeit ausgeübt: wie an Virgil schlossen sich an ihn viele Dichter an. Auch im Mittelalter wurden seine Dichtungen viel gelesen; besonders fanden sie viel Nachahmung in der Humanistenzeit.

Auch auf seinen Namen wurden mancherlei Gedichte gesetzt, so die seiner Zeit nahestehende **Nux** (die Ausführung eines griechischen Epigramms: Klage des Nußbaumes über Mißhandlung im Rückblick auf die gute alte Zeit) und die **Consolatio ad Liviam**, aus Anlaß von Drusus' Tod (9 v. Chr.), wohl noch unter der Julischen Dynastie verfaßt.

§ 44. Andere Dichter. Groß war die Zahl der Talente zweiten Ranges in dieser Zeit:

L. Varius Rufus, c. 74—14 v. Chr., der Freund des Augustus und Maecenas sowie des Virgil und Horaz. Er war geschätzt als Elegiker und Epiker; am meisten Ruhm aber erwarb er sich durch seine 29 zur Jahresfeier des Sieges von Actium aufgeführte Tragödie **Thuesta** (Thyestes), für die ihn Augustus mit einer Million Sesterzen (175 000 M.) belohnte: sie und die Medea des Ovid galten als die tragischen Meisterwerke der Kaiserzeit.

C. Melissus aus Spoletum, Freigelassener des Maecenas und als Bibliothekar von Augustus angestellt, versuchte die Togata wieder zu beleben durch Erfindung einer Abart, der **Trabeata** (trabea, das Staatskleid der Ritter), die sich in den Kreisen des Ritterstandes bewegte, aber mit ihm wieder verschwand.

Aemilius Macer aus Verona, Vorgänger und Freund des Virgil und auch des jungen Ovid, gest. 16 v. Chr. in

Asien, ahmte dem Nicander nach in naturgeschichtlichen Lehrgedichten (z. B. Theriaca, Mittel gegen den Biß giftiger Tiere), von denen nur Fragmente erhalten sind.

C. Valgius Rufus, Konsul 12 v. Chr., Freund des Horaz, verfaßte neben einem botanischen Werke und grammatischen Abhandlungen in Briefform Elegien und Epigramme.

Domitius Marsus, Freund des Virgil und des Tibull, verfaßte außer einem umfangreichen, von Horaz c. IV 4 berücksichtigten Epos über die Amazonensage (Amazŏnis) namentlich Epigramme, in denen er, nach dem Titel der Sammlung Cicuta (Schierling) zu schließen, große Schärfe zeigte. Als seinen Vorgänger und Meister nennt ihn mehrfach Martial.

Albinovanus Pedo, Ovids Freund, von Seneca *fabulator elegantissimus* genannt, schrieb außer einer Theseis ein der Zeitgeschichte angehöriges Gedicht, von dem ein erhaltenes Fragment die Sturmnot der Flotte des Germanicus auf der Nordsee 16 n. Chr. sehr anschaulich schildert. Als Epigrammatiker wird er von Martial gerühmt.

Grattius schrieb in trockener und unbeholfener Form ein Gedicht über das Jagdwesen, Cynegetica, wovon ca. 540 Hexameter vorhanden sind.

Endlich gehören dieser Zeit an die Priapēa, eine Sammlung von 80 Epigrammen verschiedener Verfasser in verschiedenen Versmaßen (Distichen, Hendekasyllaben und Choliamben), ausgelassen und obszön dem Inhalt nach, aber elegant und vollendet in der Form.

B. Prosa.

§ 45. Geschichte. T. Livius aus Patavium, 59 v. bis 17 n. Chr., kam früh nach Rom und dort in nähere Beziehungen zur Familie des Augustus, die auch die abweichenden politischen Ansichten nicht zu lockern vermochten. Von Staatsgeschäften hielt Livius sich fern und begann nach Herausgabe einzelner kleiner rhetorischer und philosophischer Schriften seit ca. 27 die Arbeit an seinem großartigen Geschichtswerk. Er ist in seiner Vaterstadt gestorben.

Sein Riesenwerk Ab urbe condita in 142 B., das er abschnittsweise veröffentlicht hat (die Bucher von 121 an erst nach dem Tode des Augustus), erzählte die römische Geschichte in annalistischer Form von der Ankunft des Aeneas in Italien bis auf seine Zeit, die er von B. 109 an (Beginn der Bürgerkriege) ausführlich behandelte. Das letzte nachweislich von ihm berichtete Ereignis ist der Tod und die Bestattung des Drusus 9 v. Chr. Livius selbst hatte den Stoff der ersten 90 Bucher möglichst nach Dekaden und Halbdekaden gegliedert, später wurde das Werk in Dekaden eingeteilt; und von diesen sind erhalten die erste, dritte, vierte, und (lückenhaft) die erste Hälfte von der funften, d. h. B. I—X (von Aeneas bis 293 v. Chr.) und XXI—XLV (Beginn des 2. punischen Krieges, 218, bis zum Triumph des Aemilius Paulus uber Perseus, 167); den Glanzpunkt des Erhaltenen bildet die Erzählung des 2. punischen Krieges in der 3. Dekade. Außer jenen 35 Buchern und Fragmenten, namentlich einem größeren aus B. 91, haben wir etwa aus dem 4. Jahrh. aus einer verlorenen Epitome Inhaltsangaben (Periochae) zu B. 1 (zu diesem sogar doppelt) — 135 und 138—142, ferner fur B. 37—40 und 48—55 abweichende in den ägyptischen Papyri, endlich von Iulius Obsequens einen Auszug der von Livius verzeichneten Prodigien von 190—12 v. Chr. (die von 249—191 sind verloren) sowie die Konsularfasten im Chronicon des Cassiodorus. Weiteres bieten für die Feststellung des sachlichen Inhaltes der verlorenen Teile die zahlreichen römischen und griechischen Schriftsteller, die ihn unmittelbar oder durch Vermittelung einer schon früh entstandenen Epitome benutzt haben; denn er galt später als die Hauptquelle, ja die einzige Quelle für die Geschichte des republikanischen Rom. Welche Anerkennung er schon bei Lebzeiten bis in die fernsten Gegenden des Reiches fand, zeigt die Erzählung von dem Manne aus

Gades, der eigens nach Rom reiste, um ihn zu sehen, und dann sofort wieder zurückkehrte.

Livius wird in seiner Erzählung von edler, ethischpatriotischer Absicht geleitet; von den Leiden der Gegenwart weg will er den Blick lenken auf die einfache Größe und die markigen Heldengestalten der alten Zeit und die Mittel nachweisen, wodurch der römische Staat seine Ausdehnung zum Weltreich erlangt hat. Dieses Ziel verfolgt er mit Wärme und Tiefe des Gefuhls und in unverkennbarem Streben nach Wahrheit. Freilich wird er dabei den Gegnern seines Volkes nicht immer gerecht und hält sich nicht frei von Sympathien und Antipathien. Politisch neigt er mehr der aristokratischen Richtung zu; als ruhig und gemäßigt denkender Burger findet er sich besonders durch alles Maßlose, Gewaltsame zuruckgestoßen, am meisten durch die wusten Ausschweifungen der großen Masse und ihres Demagogentums. Er ist auch ein uberzeugungstreuer Charakter und machte selbst dem Herrscher gegenüber kein Hehl aus seiner Sympathie fur die Überwundenen wie Pompejus und Brutus. Auch in religiöser Beziehung nimmt er einen mittleren Standpunkt ein: er weiß, daß das menschliche Handeln von dem Schicksal oder der Führung (numen) der Götter bestimmt wird, und hält es daher fur nützlich, auf Zeichen zu achten, aus denen man deren Willen vorher erkennen könne (prodigia); aber von einem blinden Glauben an dieselben bleibt er frei.

Die Bedeutung des Livius beruht auf der Größe seines patriotischen Unternehmens und der Kunst der Darstellung, nicht auf der Gründlichkeit seiner historischen Forschung. Er ist mehr mit Begeisterung an seine Aufgabe gegangen als mit klarer Einsicht in ihre Schwierigkeiten und genügender Vorbereitung. Bei dem Mangel an tieferem historischen Sinn hat er sich einer Prufung und Berichtigung der gangbaren Überlieferung mit Hilfe des vorhandenen Urkundenmaterials uberhoben und sich begnugt, den vorhandenen Darstellungen, soweit sie ihm gerade bekannt und zugänglich waren, den Stoff zu entnehmen, im allgemeinen ohne kritisches Prinzip. So folgt er lange dem Valerius Antias, um endlich die Unlauterkeit dieser Quelle zu erkennen. In der Rhetorenschule, nicht im Leben gebildet, entbehrt er des politischen und militärischen Verständnisses: daher die verkehrten Vorstellungen von dem erbitterten Kampf der Stände und die unklaren Schlachtbeschreibungen. Daß im einzelnen Flüchtigkeiten, Ungenauigkeiten, Mißverständnisse, Widersprüche, Verwirrungen in der Chronologie unterlaufen, ist bei dem großen Umfange des Werkes erklärlich. — Für die vorhandenen sachlichen Mängel entschädigt er durch seine glänzende Darstellungsgabe und die Lebendigkeit der Erzählung, der er durch eingefügte Reden, in der Fülle ihrer geistreichen Sentenzen wahren Glanzpunkten seiner rhetorischen wie psychologischen Kunst, Abwechslung zu verleihen weiß. — Seine nach Klassizität strebende Sprache ist reich und blühend, in dem weit ausgedehnten Werke nicht überall gleich und besonders in den späteren Partien von behaglicher Breite (*lactea ubertas*). Auch das rhetorische Element sowie poetische Anklänge und Gräzismen machen sich geltend. Für uns nicht mehr erkennbare provinzielle Abweichungen des Wortgebrauchs vom sermo urbanus müssen es wohl gewesen sein, was Pollio mit dem gegen Livius erhobenen Vorwurf der Patavinitas meinte.

§ 46. Ungefähr in derselben Zeit, wo Livius die Entwickelung Roms zur Weltmacht beschrieb, verfaßte, vielleicht in bewußtem Gegensatze zu ihm, der von den Vocontiern in Gallia Narbonensis stammende Kelte Pompeius Trogus seine um 9 n. Chr. herausgegebenen Historiae Philippicae in 44 B., eine mosaikartige Universalgeschichte, welche die den nichtrömischen Völkern für den Gang der Weltgeschichte zukommende Bedeutung darstellen sollte. Wir besitzen davon die Inhaltsangaben der einzelnen Bücher, die sogen. Prologi, und den willkürlich und ungleichmäßig gemachten Auszug des M. Iunianus Iustinus (etwa 3. Jahrh.), der sich indes an das Original ziemlich genau anschließt. Das Werk war nach einem kunstvollen Plan angelegt, den Trogus dem Griechen

Timagenes von Alexandria entlehnt hat. Den Mittelpunkt bildete wie in den *Φιλιππικά* des Theopompus, nach denen der Titel gewählt ist, die Geschichte des makedonischen Reiches und der großen aus Alexanders Weltreich hervorgegangenen Monarchien bis zu ihrer Unterwerfung unter die romische Herrschaft (B. VII—XL); vorausgeschickt war eine kurze Geschichte der Volker, mit denen die Mazedonier nachmals in Berührung getreten sind, indem dabei in der Weise des Herodot jedesmal bis auf die Urgeschichte des betreffenden Volkes zuruckgegangen wurde. So begann Trogus mit Ninus, behandelte dann weiter das Meder- und Perserreich (mit Exkursen uber Lydien, Ägypten usw.), die griechische Geschichte bis 350. Einen Anhang bildete die Geschichte der Parther bis auf Augustus (B. XLI. XLII), die damals mit Rom die Weltherrschaft teilten, und außer einer Skizze uber Roms Urgeschichte bis auf Tarquinius Priscus die Geschichte der Gallier und Hispanier bis zu ihrer endgultigen Unterwerfung durch Augustus. Das Ganze war mit mannigfachen geographischen und ethnographischen Digressionen durchflochten uber griechische und barbarische Volker an den Stellen, wo sie zum ersten Male in die allgemeine Geschichte eingriffen. Die Darstellung entbehrte nach dem Zeugnis der Alten nicht der rhetorischen Färbung. Indes verschmähte Trogus grundsätzlich das Kunstmittel der direkten Reden, gab aber dafür indirekte. Er zeigte sich als sorgfältigen, nüchternen Forscher, der absichtlich schmucklos und einfach schrieb.

§ 47. Gelehrte Forschung. Fenestella, 52 v. — 19 n. Chr., verfaßte außer Annales nach dem Muster des Varro auf sorgfältigen Studien beruhende Schriften über die Kulturgeschichte des römischen Volks, Sitten, Staatsrecht und Literatur. In derselben Richtung war der von Verrius und Gellius oft erwähnte Sinnius Capito tätig, Varros jüngerer Zeitgenosse,

C. Iulius Hyginus kam jung als Sklave aus Spanien nach Rom, wurde von Augustus freigelassen und war Vorsteher der 28 v. Chr. gegründeten Palatinischen Bibliothek und Schulmeister. Mit Ovid verband ihn intime Freundschaft. Er folgte gleichfalls der polyhistorischen Richtung Varros und war auf den verschiedensten Gebieten schriftstellerisch tätig. Es werden von ihm erwähnt historische und antiquarische (De vita rebusque illustrium virorum, De familiis Troianis, De proprietatibus deorum), geographische (De situ urbium italicarum) und landwirtschaftliche (De agricultura, De apibus) Schriften; letztere wurden für die Georgica, andre fur die Aeneis von Virgil benutzt, dessen Schriften er anderseits kommentierte. —Den Namen Hyginus tragen zwei nicht in der ursprünglichen Gestalt überlieferte Schulbücher: die sogen. Fabulae, enthaltend eine kurze Genealogie der Götter und Heroen, ein Auszug aus einem selbständigen Werke, und 277 mythische Erzählungen, wegen ihrer Benutzung verlorener Quellen, namentlich der griechischen Tragiker, von Wert fur die Mythologie und die Geschichte des griechisch-römischen Dramas, und ein astronomisches (gewöhnlich Poetica astronomica betitelt) in 4 B., die Elemente der Himmelskunde und der Sternbilder mit den darauf bezüglichen Mythen, meist nach den Katasterismen des angeblichen Eratosthenes, eines Araterklärers. Diese Schriften rühren von demselben Verfasser her; daß sie aber auch nur in mittelbarer Beziehung zu dem Augusteer stehen, ist wegen der Urteilslosigkeit des Autors unglaublich.

Q. Caecilius Epirota aus Tusculum, Freigelassener des Atticus, war der erste, der Virgil und andere moderne Dichter in den Kreis der Vorlesungen einführte und über beliebige Themata in lateinischer Sprache aus dem Stegreif disputierte.

M. Verrius Flaccus aus Praeneste, ein Freigelassener, Grammatiker und Lehrer der Enkel des Augustus, hochbetagt gestorben unter Tiberius, verfaßte u. a. ein Buch De obscuris Catonis und Rerum memoria dignarum libri, die der ältere Plinius benutzte, endlich unter dem Titel De verborum significatu ein Sammelwerk höchst wertvoller Notizen aus dem Gebiet der Altertumskunde, Grammatik usw. in alphabetischer Anordnung. Auch dieses

Werk selbst ist verloren gegangen; erhalten aber ist von dem Auszuge, den daraus wie aus andern Schriften des Verrius im 2./3. Jahrhundert S. Pompeius Festus anlegte, die zweite Hälfte, nämlich 9 von den ursprünglich 20 Büchern (von der Mitte des Buchstabens M an), zum Teil in schwer beschädigtem Zustand. Diesen Auszug exzerpierte dann nochmals zur Zeit Karls des Großen Paulus Diaconus, und dessen Werk ist noch vorhanden und selbst in dieser verstümmelten Gestalt eine wichtige Fundgrube antiquarischer und grammatischer Notizen. Außerdem sind von einem durch Verrius geordneten und auf dem Forum in Praeneste in Marmor aufgestellten Festkalender Bruchstücke vorhanden (Fasti Praenestini).

§ 48. Beredsamkeit. Annaeus Seneca (rhetor benannt zum Unterschied von seinem Sohne, dem Philosophen), ca. 54 v. — 38 n. Chr., aus ritterlicher Familie in Corduba, der jung nach Rom gekommen war und hier die bedeutendsten Redner gehört, auch später noch einmal zeitweise in Rom gelebt hatte, verfaßte im hohen Alter auf Bitten seiner 3 Söhne (Novatus, Seneca, Mela) eine diesen gewidmete Sammlung von Schulthemen, wie sie in seiner Jugend von den namhaftesten Rhetoren behandelt worden waren, unter dem Titel Oratorum et rhetorum sententiae, divisiones, colores (Ansichten der Rhetoren für und wider die Sache; Zerlegung des Falles in einzelne Fragen; Beschönigungsgründe des Vergehens), bestehend aus einem Buche Suasoriae (Beratungsreden über poetische oder historische Stoffe) und 10 B. Controversiae (Behandlung fingierter Rechtsfälle). Von den 7 Suasoriae fehlt der Anfang; von den 74 Controversiae besitzen wir noch die B. I, II, VII, IX, X und die meisten der Vorreden, in denen geistreich und fesselnd einzelne hervorragende Redner charakterisiert werden, sowie einen etwa 400 n. Chr. verfertigten Auszug aus dem ganzen Werk. Seneca zeigt sich als einen Bewunderer Ciceros und als einen Mann von besonnenem, strengem Urteil und ehrenhafter Gesinnung; seine Zusammenstellung, bei der er durch ein staunenswertes Gedächtnis unterstutzt wurde, hat für uns besonderen Wert, weil wir durch sie ein anschauliches Bild von dem Treiben in den damaligen Rhetorenschulen und von manchen bedeutenden Rednern und Rhetoren der Zeit Kenntnis erhalten, deren Schriften untergegangen sind, wie Labienus, Cassius Severus, Porcius Latro, Arellius Fuscus, Albucius Silus, Junius Gallio u. a.

Von diesen waren die beiden erstgenannten ebenso berühmt als Redner wie berüchtigt wegen ihrer maßlosen Leidenschaftlichkeit, durch die sie sich verhaßt machten und ihr Unglück herbeiführten. T. Labienus, wegen seiner Heftigkeit Rabienus genannt, verfaßte auch ein zeitgeschichtliches Werk, das die durch die lange Friedenszeit unverminderte Erbitterung des alten Pompejaners bekundete. Als seine Schriften auf Senatsbeschluß öffentlich verbrannt wurden, gab er sich selbst den Tod. Cassius Severus wurde wegen seiner schonungslosen Schmähschriften gegen vornehme Männer und Frauen nach Kreta verwiesen, und da er hier sein altes Treiben fortsetzte, nach Seriphus verbannt, wo er 32 n. Chr. im höchsten Elende starb.

P. Rutilius Lupus verfaßte eine Schrift über die Redefiguren (Schemata dianoeas et lexeos) nach dem griechischen Rhetor Gorgias, dem Lehrer von Ciceros Sohne in Athen, von der nur der die schemata lexeos behandelnde Teil erhalten ist. Das Werk ist trocken in der Darstellung, aber sachlich wertvoll, indem die zur Erläuterung beigefügten Beispiele vielfach aus sonst verlorenen griechischen Rednern vortrefflich übersetzt sind. — Die sog. laudatio Turiae, Lobrede eines Gatten auf seine verstorbene Frau, ist inschriftlich vorhanden.

§ 49. In der Rechtswissenschaft machten sich zwei verschiedene Richtungen geltend, die später zur Bildung besonderer Schulen (sectae) führten (s. § 63). Die freiere, von philosophischer Begründung des Rechts ausgehende ist vertreten durch den geistreichen und gelehrten M. Antistius Labeo, einen Schüler des Trebatius Testa (s. § 31) und charakterfesten Republikaner, der sich vom

Hofe fernhielt und das ihm von Augustus angebotene Konsulat zurückwies, weil es dem jüngeren Capito vor ihm erteilt worden war. Er verweilte jährlich 6 Monate in Rom, wo er Vorlesungen hielt und praktisch tätig war; die andere Hälfte des Jahres widmete er auf seinem Gute seinen vielseitigen Studien. Seine Schriften umfaßten 400 Bände, hauptsächlich über das Zivilrecht.

Ihm gegenüber stand der geschmeidige C. Ateius Capito, gest. 22 n. Chr., Schüler des A. Ofilius (s. § 31), 5 n. Chr. Konsul, als Vertreter der historischen Überlieferung. Auch seine Schriften sind bis auf Bruchstücke verloren.

§ 50. Vitruvius Pollio, als Ingenieur zuerst in Cäsars Kriegen, dann unter Augustus tätig, veröffentlichte um 14 v. Chr. eine dem letzteren gewidmete Enzyklopädie der Baukunst (De architectura) in 10 B. (I—VII das eigentliche Bauwesen; VIII Wasserbauten; IX Herstellung von Uhren; X Maschinenbau). Die nach griechischen Vorgängern (Varro = Posidonius) gearbeitete Schrift zeigt des Verfassers ziemlich vielseitiges Wissen, aber auch seinen Mangel an eigentlich wissenschaftlicher Bildung. Seine Darstellung ist schwerfällig, ungleich und gekunstelt, nicht immer leicht verständlich, zumal die dem Werke zur Erläuterung ursprünglich beigegebenen Zeichnungen sich nicht erhalten haben. Seine Sprache weicht, wie er selbst weiß, vielfach von der gebildeten Schriftsprache seiner Zeit ab. Dem Inhalte nach ist das Werk, das einzige aus dem Altertum erhaltene dieser Art, natürlich von hoher Bedeutung. Es wurde viel gelesen und benutzt; zum leichteren Gebrauch hat daraus vor 250 M. Cetius Faventinus einen Auszug gemacht.

§ 51. Für Philosophie, vorwiegend die stoische und epikureische, war das Interesse bei den Gebildeten allgemein verbreitet, und philosophische Kenntnisse begegnen bei allen bedeutenderen Schriftstellern dieser Zeit. Augustus selbst schrieb Hortationes ad philosophiam, und Livius verfaßte, wie erwähnt, philosophische Abhandlungen. Eine eigene Schule begründete Q. Sextius, der schon unter

Cäsar als Philosoph tätig war und, um der Philosophie ungestört sich widmen zu können, auf eine politische Laufbahn verzichtete, während sein gleichnamiger Sohn Anhänger des neupythagoreischen Mysticismus wurde, der sich schon im 1. Jahrh. v. Chr. geregt hatte. Seine auf die sittliche Veredelung des Menschen und die Verwirklichung des Guten im Leben gerichtete Lehre stellte der ältere Sextius in griechischer Sprache dar. Sie fand nur wenige, aber begeisterte Anhänger, wie den ehemaligen Rhetor Papirius Fabianus, der sie in ausgedehnter schriftstellerischer Tätigkeit vertrat. Noch in der Jugendzeit des Philosophen Seneca bestand die Schule der Sextier, verschwand dann aber. Daneben behauptete sich der von Aenesidemus nach Rom verpflanzte Skepticismus, der in den Lehren der empiristischen Ärzte weiterlebte.

Dritte Periode.

Vom Tode des Augustus bis Hadrian (14—117 n. Chr.): das silberne Zeitalter.

§ 52. Das Verhalten der auf Augustus folgenden Kaiser zu der Literatur war ein verschiedenes. Tiberius (14—37) war nicht unbedeutend als Redner und in griechischer und lateinischer Literatur wohlbewandert, zeigte sich aber mit seiner zunehmenden Verbitterung immer feindseliger gegen literarische Bestrebungen und verfolgte das freie Wort mit Grausamkeit. Caligula (37—41) in seiner wahnwitzigen Launenhaftigkeit gab bald unter seinem Vorgänger verpönte Schriften frei und veranstaltete Wettkämpfe in griechischer und römischer Beredsamkeit, bald wollte er die Werke von Größen wie Homer, Virgil, Livius vernichten. Claudius (41—54) war vielseitig unterrichtet, sonst aber ein pedantischer Schwachkopf auf dem Thron, dessen Bestrebungen zuweilen etwas Kindisches hatten: er vermehrte das lateinische Alphabet um 3 — nach seinem Tode bald wieder verschwundene — Schriftzeichen, schrieb über die Kunst des Würfelspiels, aber auch historische Werke, zum Teil in griechischer Sprache, und Reden, von denen eine aus dem Jahre 48 über das den Galliern zu erteilende ius honorum teilweise inschriftlich erhalten ist. Nero (54—68) war nicht ohne Anlagen und betrieb neben anderen Künsten das Dichten mit Vorliebe, ließ aber aus Eifersucht gegen fremde Talente der Dichtkunst keine besondere Förderung angedeihen. Im allgemeinen stand seine Regierung bis zur Entdeckung der Pisonischen Verschwörung einer freieren literarischen Tätigkeit nicht im Wege, daher sich auch eine größere Regsamkeit zeigt, namentlich auf dem Gebiete der Poesie. Ves-

pasian (69—79) besaß trotz seiner überwiegend praktischen
Richtung doch Interesse fur Bildung und Literatur: er war
der erste, der lateinischen und griechischen Rhetoren aus
der kaiserlichen Kasse eine feste Besoldung aussetzte und
damit das öffentliche Lehramt schuf; auch gegen Dichter
und Künstler erwies er sich freigebig. Auch Titus (79—81)
war der Literatur nicht abhold. Domitian (81—96) unter-
drückte wieder grausam jede freiere Regung, und wenn
er auch poetische Wettkämpfe veranstaltete, so bezweckte
er damit hauptsächlich nur seine eigene Verherrlichung.
Erst unter Nerva (96—98) und Trajan (98—117) ließ
der schwere Druck nach, ohne daß jedoch die Literatur
unmittelbare Förderung erhielt. Die sich nun wieder zeigende
Steigerung der geistigen Regsamkeit war nur eine vorüber-
gehende, und schon beim Beginn der nächsten Periode
zeigte sich die Erschöpfung des römischen Geistes.

Zum Mittelpunkte des geistigen Lebens, das mit der
Verbreitung und Verflachung sich vom Griechentum abzu-
wenden begann, gestalten sich immer mehr die Rhetorenschulen. Mit der Verminderung der Gelegenheiten und
Stoffe der öffentlichen Beredsamkeit entfremden sich die
Übungen in diesen Schulen der Praxis des Lebens und
geben sich auch in Stil und Sprache ganz der Richtung auf
das Gesuchte und Künstliche hin. Diese verbildete Ge-
schmacksrichtung durchdringt allmählich die ganze Zeit
und die Literatur. Das Einfache erscheint nicht geistreich genug; durch alle möglichen Hilfsmittel sucht man
Effekt zu erzielen. In die prosaische Sprache wird der
poetische Ausdruck hineingezogen; an die Stelle der Periode
tritt der pointierte Ausdruck mit Antithesenschwall, die
blendende Sentenz mit allerlei Klangeffekten. Ihren Höhepunkt erreicht diese Manier durch den Philosophen Seneca.
Vergebens weisen Männer wie Quintilian und Tacitus auf
die klassischen Muster hin und bekämpfen die Zeitrichtung;
Tacitus selbst wendet sich ihr wieder zu. Neben der Geschichtschreibung, die trotz des Druckes der Zeiten
fort und fort Pflege fand, der Philosophie und Rhetorik
sind in der Literatur dieser Zeit namentlich auch Geo-

graphie, Naturwissenschaften, Medizin, Landwirtschaft und Grammatik vertreten. — Entschieden im Niedergange begriffen ist die Poesie, in der ebenfalls die Manier der Rhetorenschule immer mehr ihre Wirkung geltend macht: den Mangel an natürlicher Gefühlstiefe sucht sie durch rhetorische Kunst und schwülstiges Pathos zu verdecken. Das Drama findet noch einige Pflege, die Herrschaft aber auf der Bühne bleibt dem Mimus und Pantomimus. Das Epos steht überwiegend unter dem Einfluß der großen Muster der Augusteischen Zeit. Das rhetorische Element zeigt auch die Satire, die jetzt nicht mehr mit lächelndem Spott, sondern mit erbittertem Schelten die Schäden der Gesellschaft geißelt. Das Epigramm erreicht durch einen genialen Vertreter seine höchste Vollendung. Neu eingeführt in die Literatur werden die Fabel und der Roman.

A. Prosa.

§ 53. Geschichte. Von der umfänglichen geschichtlichen Literatur dieses Zeitalters hat sich verhältnismäßig wenig erhalten und, abgesehen von den Überresten der Werke des Tacitus, nur Schriften untergeordneten Ranges. Verloren sind u. a. die Darstellung des Ausganges der Republik und der Begründung der Monarchie von dem edlen Cremutius Cordus, der, wegen seines Freimutes angeklagt, sein Leben durch Selbstmord endete (25), während von seinen Schriften die Exemplare, deren man habhaft wurde, auf Senatsbeschluß öffentlich verbrannt wurden, ferner die Geschichte der ersten Kaiser von Aufidius Bassus, die der ältere Plinius fortsetzte, und Plinius' eigene historische Schriften.

C. Velleius Paterculus, als höherer Offizier unter Tiberius auf dessen Feldzügen in Germanien, Pannonien und Dalmatien 4—11 n. Chr. tätig, 15 n. Chr. Prätor, schrieb einen dem Konsul M. Vinicius 30 n. Chr. gewidmeten Abriß der römischen Geschichte (Historia Romana) in 2 B.: von der Eroberung Trojas bis auf seine Zeiten herab, dabei die Geschichte auch anderer Völker, mit denen Rom in Berührung gekommen, sowie die griechische und römische Literaturgeschichte berücksichtigend. Das vorhandene Werk ist am Anfang und Ende verstümmelt und zeigt in B. I eine große Lücke (vom Raub der Sabinerinnen bis zum Beginn des Krieges gegen Perseus). Die älteren Zeiten behandelt Velleius nach der Weise der Annalisten in kurzem Abriß (B. I geht bis zum Fall Karthagos), die ihm näher liegenden immer ausführlicher. Er schreibt ohne tiefere Studien und ziemlich flüchtig, daher nicht ohne mannigfache Irrtümer. Interessant sind die Notizen über Armin und Marbod sowie das überschwängliche Lob seines Tiberius. Überhaupt tritt weniger das Interesse für den inneren Zusammenhang der Begebenheiten als vielmehr für die leitenden Persönlichkeiten hervor. Die Darstellung leidet an Häufungen, Wiederholungen, Ungleichheiten und zeigt den rhetorischen Charakter in den eingestreuten Reflexionen, den Antithesen, den hyperbolischen und pomphaft poetischen Ausdrücken, verrät aber Talent für lebhaftere Erzählung.

§ 54. Valerius Maximus verfaßte Facta et dicta memorabilia in 9 B., ein nach sachlichen Kategorien (z. B. Religion, Ehegebräuche, Naturanlagen usw.) und mit Scheidung von Römern und Nichtrömern geordnetes Sammelwerk von Beispielen (documenta) für den Gebrauch von Rhetoren und Rhetorenschulen, mit Benutzung guter Quellen (in erster Reihe des Cicero und Livius), zum Teil aus eigenen Erlebnissen, in höchst unkritischer und nachlässiger Weise zusammengestellt. Der Verfasser widmete es ca. 32 n. Chr. dem Tiberius, gegen den er von den untertänigsten und plumpsten Schmeicheleien überfließt. Die Aufzählung wird oft durch geschmacklose Reflexionen unterbrochen; die Darstellung ist gesucht, gekünstelt und durch schwülstiges Pathos und Schwerfälligkeit mitunter dunkel, leidet auch an historischen Irrtümern und Mißverständnissen. Trotzdem wurde das Buch wegen seiner Brauchbarkeit für Schulzwecke viel benutzt. Auch zwei Auszüge daraus haben sich aus dem späten Altertum erhalten: der eine, vollständige des Iulius Paris (um 500), der andere, dürftigere und unvollständige von einem Ianuarius Nepotianus (Ende des 6. Jahrh.). — Nichts zu tun mit Valerius Maximus hat ein seinem Werke im Mittelalter angehängtes Schriftchen De praenominibus, das Anfangskapitel eines auf alte Quellen (Varro) zurückgehenden Werkes über die römischen Namen von einem unbekannten Verfasser.

§ 55. Q. Curtius Rufus, wahrscheinlich Rhetor, schrieb unter Claudius Historiae Alexandri Magni in 10 B., von denen III—X, allerdings nicht ohne Lücken, erhalten sind. Er ist kein Historiker, sondern ein Redekünstler, für den der anziehende Stoff nur Mittel zu dem Zweck ist, mit seiner Darstellungskunst zu glänzen. Zugrunde gelegt hat er seiner romanhaften Erzählung eine griechische Vorlage, welche hauptsächlich auf den wegen seiner Unzuverlässigkeit und Fabelsucht berüchtigten Clitarchus zurückgeht, auch da, wo er selbst nicht an die Wahrheit des ihm vorliegenden Berichtes glaubt. Militärisches wie politisches Verständnis geht ihm völlig ab: seine Schlachtberichte sind reine Phantasiegemälde. Durchaus auf den rhetorischen Effekt bedacht, zieht er alles, was diesem Zweck dienlich ist, in den Vordergrund und behandelt es ausführlich, um Wichtiges zu streichen. Seine Sprache hat überwiegend klassisches Gepräge, wenn sie auch schon Spuren der silbernen Latinität zeigt und bisweilen gesucht ist.

§ 56. P. Cornelius Tacitus, ca. 54—120, stammte aus angesehener und wohlhabender Familie. Zu seiner juristischen Ausbildung schloß er sich an hervorragende Redner an und gewann selbst Ruf als Redner. 78 heiratete er die Tochter des Julius Agricola. 88 war er Prätor; während der nächsten Jahre hielt ihn eine nicht bekannte Amtstätigkeit von Rom fern, und er kehrte erst nach dem Tode des Agricola 93 dorthin zurück. Unter Nerva war er 97 consul suffectus; 100 trat er zusammen mit seinem Freunde Plinius d. J. für die Afrikaner in dem berühmten Erpressungsprozesse gegen Marius Priscus auf; in späterer Zeit hat er Asien als Prokonsul verwaltet.

Von den Reden des Tacitus ist nichts erhalten. Die vorhandenen Schriften zeigen stofflich einen Fortschritt von der Rhetorik zur Einzelbiographie, dann zur Ethnographie und endlich zur Höhe der Historiographie. Es sind folgende.

Dialogus de oratoribus (nicht ohne Lücken) behandelt in Form eines in das J. 75 verlegten Gespräches zwischen M. Aper und Julius Secundus, den Lehrern des Tacitus, und Curiatius Maternus und Vipstanus Messalla die Frage nach den Ursachen des Verfalls der Beredsamkeit unter der Kaiserherrschaft. Das liebenswürdige Büchlein verrät den Scharfsinn des reifen Mannes, der hier in der kunstvollen Aufmachung wie in Stil und Sprache sich zum Führer Cicero nahm. Die Verschiedenheit der Schreibweise in andern Schriften berechtigt nicht zum Zweifel an Taciteischem Ursprung.

De vita et moribus Iuli Agricolae, 98 veröffentlicht, ein Werk der Pietät, eine laudatio auf Agricolas Wirksamkeit .in Britannien nebst Eroberungsgeschichte dieses Landes. Der feierliche Schluß gehört zu dem Schönsten, was Römer geschrieben haben. Hier schreibt Tacitus den modernen Stil, die Kürze und Gedrungenheit der Darstellung erinnert an Sallust.

Die sogenannte Germania (De origine, situ, moribus ac populis Germanorum: der ursprüngliche Titel steht nicht fest), ebenfalls aus dem Jahre 98, eine geographisch-ethnographische Vorarbeit zu den Historien, für uns Deutsche ein liber aureus, worin er nach guten Schriftquellen, hauptsächlich wohl den Bella Germaniae des älteren Plinius, und wohl auch auf Grund mündlicher Erkundigung die Germanen als urkräftiges Naturvolk seiner entarteten Nation gegenüberstellt. Die Schrift ist übersichtlich gegliedert (K. 1—27 allgemeiner Teil, K. 28—46 die einzelnen Stämme) und hebt trotz aller Wärme nicht einseitig die Vorzüge der Germanen hervor: Tacitus bewahrt durchaus den nationalen Standpunkt, aber durch das Ganze geht es wie eine wehmütige Ahnung von der dem sittlich verkommenen Rom durch die unverdorbenen Germanen drohenden Gefahr.

Die Historiae, herausgegeben um 107, behandelten von der Zeitgeschichte die Ereignisse von Neros bis Domitians Tode (68—96), wohl mit Verwertung von dem Geschichtswerk des älteren Plinius (s. § 59). Von den ursprünglich 14 Büchern sind nur noch I—IV und ein Stuck von V vorhanden, die Herrschaft des Galba, Otho, Vitellius und der Anfang des Vespasian bis zur Belagerung von Jerusalem durch Titus, 70, und zu den Unterhandlungen des Civilis mit Cerialis.

Ab excessu divi Augusti (gewöhnlich Annales genannt) in 16 B., herausgegeben zwischen 115—117; erhalten sind: I—VI (mit einer großen Lücke zwischen V und VI), die Herrschaft des Tiberius, und XI (am Anfang verstümmelt) bis XVI (am Schluß verstümmelt), die Regierung des Claudius vom J. 47 an (XI. XII) und die des Nero bis zum Tode des Thrasea Paetus (XIII—XVI).

Ein wesentlicher Unterschied zwischen diesen letzten beiden großen Werken des Tacitus existiert nicht; beide haben im ganzen die herkömmliche annalistische Anordnung; nur sind die Annalen, der späteren Abfassung entsprechend, gereifter und kunstvoller in Sprache und Anordnung.

Tacitus faßt die Aufgabe des Historikers als eine sittlich ernste (Ann. III 65): er soll dazu beitragen, daß die Tugenden nicht verschwiegen bleiben, und daß die Schlechtigkeit die Schande bei der Nachwelt zu fürchten habe. Er begnügt sich nicht mit dem bloßen Berichte der äußerlichen Begebenheiten, sondern bemüht sich, auch den inneren Zusammenhang und die tieferen Gründe zu ermitteln, und so wie er hat dies Ziel kein anderer römischer Historiker erreicht. Auch über seine Quellen hinaus sucht er die Ursachen der Ereignisse zu ergründen, namentlich vermöge des Studiums der Charaktere der leitenden Persönlichkeiten. Seine Hauptstärke beruht in dieser psychologischen Motivierung: gestützt auf ungewöhnliche Menschenkenntnis, weiß er sich aus den Einzelzügen ein Gesamtbild der Personen zu schaffen und aus diesem die geheimen Triebfedern ihrer Handlungen herzuleiten. Daß er mit seiner Beurteilung nicht immer das Wahre getroffen hat und bisweilen durch seinen Haß gegen den Frevelsinn der Machthaber, wie bei Tiberius' Beurteilung, zu einer ungunstigen Auffassung bestimmt worden ist, steht außer Zweifel. Jedenfalls war er beseelt von dem Streben nach unparteiischer (*sine ira et studio*) Darstellung der Wahrheit oder dessen, was er für Wahrheit hielt. Finden sich auch nachweislich falsche Nachrichten bei ihm, so handelt es sich um Irrtümer: absichtlich hat er die Tatsachen nicht entstellt. Die entwürdigende Fesselung des Senats empört den vornehmen Mann, aber bei aller Bewunderung fur Roms große Vergangenheit übersieht er dennoch die Schäden der alten Republik nicht und erkennt die Begrundung der Alleinherrschaft als ein Rettungswerk an, ohne sich indes über die Schwächen auch dieser Staatsform zu täuschen, in die man sich aber schicken musse; durch Schroffheit und übertriebenen Freimut (wie Thrasea Paetus) den Zorn des Gebieters herauszufordern, mißbilligt er. Seine Weltanschauung ist eine düstere, mude Resignation, beeinflußt durch Domitians Schreckensregiment und die Schatten der Zukunft. In bezug auf selbständige Forschung und eindringliche Kenntnis aller Verhältnisse, besonders des Militärischen und der Örtlichkeiten, kann er sich nicht mit Thucydides und Polybius messen, die hierin überhaupt einzig im Altertum dastehen. Sein Hauptaugenmerk ist auf die Kunst der Darstellung gerichtet. Mit unübertrefflicher Meisterschaft versteht er es, die Anschauung, die er sich von Ereignissen und Personen gebildet hat, auszumalen und durch feinberechnete Gruppierung und Beleuchtung einer Fülle von Einzelheiten ein wirkungsvolles Bild zu schaffen, dem die über dem Ganzen liegende schwermütige Färbung noch einen besonderen Reiz verleiht. Zu dieser dramatischen Kompositionskunst seiner weltgeschichtlichen Tragödien kommt außer dem Reichtum an tiefen Gedanken und epigrammatisch zugespitzten Sentenzen der eigenartige Stil der gewaltigen Persönlichkeit, das Ergebnis reifster künstlerischer Berechnung und am reinsten im letzten Werke ausgebildet: durchaus edel und auf die gewöhnlichen Effekte, wie Ebenmäßigkeit und Rhythmisierung des Satzbaus, verzichtend, Alltägliches, aber auch Fremdartiges meidend, oft mit poetischem Schimmer, immer wechselreich und packend. „Fast jeder Satz trägt eine Gedankenlast." So steht Tacitus da als der größte römische Historiker, eine vornehm aristokratische Natur wie Thucydides und diesem vielfach geistesverwandt. — Daß die Zeitgenossen den Geschichtswerken des Tacitus mit den größten Erwartungen entgegengesehen haben, wissen wir durch den jüngeren Plinius. In der Folgezeit zeigen sich seine Spuren bei den Schriftstellern, auch den christlichen; einen Fortsetzer hat er in Ammianus Marcellinus (s. § 95) gefunden. Doch hat Tacitus nicht entfernt die Wirkung ausgeübt wie Livius, wegen der Schwierigkeiten, die er dem Verständnis bietet. Auch im Mittelalter scheint er wenig gelesen zu sein.

§ 57. Geographie. Pomponius Mela, aus Tingentera in Spanien, verfaßte um 43 einen Abriß der Erdbeschreibung (De chorographia) in 3 B., das älteste erhaltene Werk dieser Art, zugleich das einzige selbständige der lateinischen Literatur, nach guten Quellen sorgfältig zusammengestellt. In der Weise einer Küstenfahrt beschreibt er in gedrängtem, oft geziertem Stil mit Einmischung von einzelnen ausführlicheren Notizen über besonders interessante Städte und von Sittenschilderungen von Nordafrika ausgehend die Länder der damals bekannten Welt der Reihe nach, bis er über das westliche Afrika wieder an seinem Ausgangspunkt anlangt.

§ 58. Philosophie. Im Anfang dieses Zeitraumes bestand noch die Schule der Sextier (s. § 51) fort, in deren Sinne außer Papirius Fabianus auch Celsus (s. § 64) schriftstellerisch tätig war. Die meisten Anhänger hatte der Stoizismus, in dessen Lehren gerade die ausgezeichnetsten Männer gegenüber dem zunehmenden Druck Halt und Trost suchten. Während die Stoiker Annaeus Cornutus und C. Musonius Rufus griechisch schrieben, betrieb Celsus eine umfängliche philosophische Schriftstellerei in lateinischer Sprache.

L. Annaeus Seneca, 4 v. — 65 n. Chr., Sohn des Rhetors Seneca (s. § 48). In früher Jugend kam er aus Corduba nach Rom, wo er neben rhetorischen Studien hauptsächlich der Philosophie oblag. Schon fruhzeitig war er als Redner und im Staatsdienst tätig. Als Senator entging er unter Caligula mit Mühe dem Tode und wurde 41 von Claudius angeblich als Teilnehmer an den Ausschweifungen der Julia Livilla auf Anstiften der Messalina nach Corsica verbannt, aber 49 durch Agrippina zurückberufen, zum Prätor ernannt und mit der Erziehung des Nero betraut. Auf diesen übte er auch nach seiner Thronbesteigung anfangs einen günstigen Einfluß, bediente sich aber später, um sich in seiner Stellung zu halten, nicht immer ehrenhafter Mittel und war mehr der weltkluge, geschmeidige Hofmann, der auch seinen eigenen Vorteil wahrzunehmen wußte und sich dadurch viel Neid und Anfeindung zuzog. Nachdem er noch 57 Konsul gewesen, zog er sich infolge der wachsenden Ruchlosigkeit des Kaisers zurück und lebte meist auf seinen Gütern, ohne jedoch dem Argwohn Neros entgehen zu können: er wurde der Teilnahme an der Verschwörung des Piso angeklagt und gezwungen, sich selbst den Tod zu geben; er starb, das Vorbild des Sokrates nachahmend, mit Festigkeit.

Seneca ist nach Cicero der bedeutendste und überhaupt einer der geistreichsten und originellsten Schriftsteller der Römer. Er besaß vielseitiges, wenn auch nicht tiefes Wissen, bedeutende Menschenkenntnis und Lebenserfahrung, reiche, bewegliche Phantasie sowie große Leichtigkeit der Produktion und Formgewandtheit. Als Philosoph war er Anhänger der stoischen Moral, ohne jedoch die schroffe Strenge des Systems zur Geltung zu bringen, überhaupt nicht sowohl auf abstrakte Spekulation gerichtet als auf praktische Lebensweisheit, die allerdings wie in seinem eigenen Wandel oft zur bloßen Lebensklugheit hinabsinkt. Weniger sucht er über seine griechischen Quellen neu schaffend hinauszukommen als vertrauliche und erbauliche Seelsorge zu üben. Den nach rhetorischem Effekt haschenden Zeitgeschmack zeigt er in voller Abkehr von Ciceros Stil in höchster Entwickelung. Er pulvrisiert die Periode und sucht mit Aufbietung aller rhetorischen Mittel seiner Darstellung Wurze und Glanz zu verleihen, um sich den Beifall seiner Zeitgenossen zu gewinnen und zu erhalten. Treffend bezeichnete Caligula seine zerschnittene Schreibweise als Sand ohne Kalk. Als man später wieder auf die Muster der klassischen Zeit zurückging, sank sein Ansehen, und von den Vertretern der altertumelnden Richtung im 2. Jahrh. wurde er wegen seiner Manier aufs erbittertste angegriffen. Dagegen fand er bei den christlichen Schriftstellern viel Bewunderung wegen der Fülle edler moralischer Gedanken, und da manche seiner Aussprüche mit christlichen Ansichten eine gewisse Ähnlichkeit zeigen, so machte ihn die Sage zu einem Christen und Freunde des Apostels Paulus, es wurde ihm sogar ein Briefwechsel mit diesem angedichtet. Auch durch das ganze Mittelalter hindurch ist er viel gelesen und durch seine Moralphilosophie fur lange Zeit höchst einflußreich geblieben. — Über ihn als tragischen Dichter s. § 70.

Von seinen zahlreichen Schriften ist eine ganze Zahl verloren gegangen oder nur in kleineren Fragmenten erhalten (z. B. naturwissenschaftliche, wie De motu terrarum, über Ägypten, über Indien; philosophische, wie De officiis, De amicitia, De superstitione, De matrimonio; ferner die für Nero verfaßten oder gehaltenen Reden u. a.); nur im Auszug erhalten ist die Schrift De remediis fortuitorum. Erhalten sind unter dem Titel Dialogi 9 Schriften in 12 B. · I De providentia; II De constantia sapientis; III—V De ira; VI De consolatione ad Marciam (Tochter des Cremutius Cordus, s. § 53, uber den Verlust ihres Sohnes); VII De vita beata; VIII De otio; IX De tranquillitate animi; X De brevitate vitae; XI De consolatione ad Polybium (den mächtigen Freigelassenen des Claudius, uber den Verlust eines Bruders; von Corsica aus geschrieben und, um seine Begnadigung zu bewirken, voll Schmeichelei gegen den Kaiser); XII De consolatione ad Helviam (seine Mutter, wegen seiner eigenen Verbannung, ebenfalls in Corsica verfaßt). Ferner

De clementia an Nero, aus dem J. 55 (ursprünglich
3 B., davon erhalten nur das 1. und der Anfang des 2.);
De beneficiis in 7 B.; die sogen. Epistolae morales,
124 Briefe in 20 B. (ursprünglich scheint die Sammlung
noch größer gewesen zu sein), geschrieben seit seinem
Rücktritt vom öffentlichen Leben an einen jüngeren Freund
Lucilius Junior, Prokurator von Sizilien, über Themata
der praktischen Ethik, ein Kursus der Moral in zwangloser
Weise; Naturales quaestiones in 7 B. (eigentlich 8),
hauptsächlich nach stoischen Quellen mit verständiger
Kritik für denselben Lucilius zusammengestellt, das erste
und einzige physikalische Lehrbuch der römischen Literatur;
Apocolocyntōsis (Verkürbissung st. ἀποθέωσις), eine
bald nach Claudius' Tod verfaßte boshafte Satire auf diesen
Kaiser, nach Art der menippeischen Satire des Varro aus
Prosa und Versen gemischt, am Schluß verstümmelt.

§ 59. Für Naturbeschreibung ist von Wichtigkeit
C. Plinius Secundus (der ältere), nach Varro das größte
Sammelgenie. Geboren 23 in Comum in Oberitalien aus
ritterlicher Familie, genoß er in Rom eine sorgfältige Erziehung. Dann machte er als Reiteroffizier Feldzüge in
Germanien mit, bekleidete unter Vespasian in mehreren
Provinzen mit Gewissenhaftigkeit Vertrauensstellungen,
besonders in der Finanzverwaltung (als procurator), wurde
endlich Admiral der Flotte bei Misenum und kam als
Opfer seiner Wißbegierde bei dem Ausbruch des Vesuvs
am 24. Aug. 79 um, wie sein Neffe, der jüngere Plinius,
es seinem Freunde Tacitus anschaulich schildert (Ep. VI 16).
Dieser Neffe erbte auch die literarische Hinterlassenschaft
seines Oheims, 160 auf beiden Seiten engbeschriebene
Buchrollen mit Exzerpten, welche dieser trotz seiner vielfachen Amtsgeschäfte aus einer Menge von Werken zusammengetragen hatte (Plin. ep. III 5).

Die Schriftstellerei dieses Enzyklopädisten bewegte sich
auf den verschiedensten Gebieten. So verfaßte er eine
militärische Schrift De iaculatione equestri in Germanien; eine Anleitung zum Studium der Beredsamkeit
unter dem Titel Studiosus in 3 Büchern; 8 Bücher Dubii

sermonis, über zweifelhafte Fälle der Flexion und Wortbildung, von den späteren Grammatikern vielfach benutzt; ferner drei historische Werke: De vita Pomponi Secundi in 2 B., ein ehrendes Denkmal für seinen Freund (s. § 70); die in Germanien begonnenen Bella Germaniae in 20 B., sämtliche bis dahin geführten Germanenkriege enthaltend; eine erst nach seinem Tode veröffentlichte Geschichte der Kaiser von Nero an in 31 B. als Fortsetzung der Kaisergeschichte des Aufidius Bassus (s. § 53), daher A fine Aufidii Bassi betitelt. Erhalten hat sich allein sein Hauptwerk, die Naturalis historia in 37 B., 77 herausgegeben: I Vorrede mit Widmung an Titus, Inhalts- und Quellenverzeichnis; II Mathematisch-physikalische Beschreibung des Weltgebäudes; III—VI Geographie; VII Anthropologie und Physiologie des Menschen; VIII—XI Zoologie; XII—XIX Botanik — dabei XVII Baumzucht, XVIII. XIX Feld- und Gartenbau —; XX—XXVII vegetabilische und XXVIII—XXXII animalische Heilmittel; XXXIII—XXXVII Mineralogie· mit besonderer Berücksichtigung der Verwendung der Mineralien für Zwecke des Lebens und der bildenden Künste. — Dieser „Kosmos" (*opus diffusum, eruditum nec minus varium quam ipsa natura* Plin. ep. III 5; charakterisiert auch von Humboldt, Kosmos 2, 231 ff.), ein monströses „Studierlampenbuch", enthält nach Plinius' eigener Angabe Notizen über 20000 merkwürdige Dinge, zusammengestellt aus 2000 Bänden von fast 500 griechischen und römischen Schriftstellern und mit Zusätzen von ihm selbst versehen. Daß ein so gewaltiges Werk, wenn auch Produkt des angestrengtesten Fleißes und des lebendigsten Wissensdranges, in der Ausführung vielfache Ungleichheiten und Flüchtigkeiten zeigt, ist natürlich, zumal der Verfasser bis kurz vor seinem Tode an dem Werke weiterarbeitete und Berichtigungen, Ergänzungen u. a. nachzutragen bemüht war. Außerdem aber fehlte es ihm an Sachkenntnis und kritischer Sichtung: in dem Bestreben, interessante Notizen zu geben, hat er sich von dilettantischer Leichtgläubigkeit nicht selten irreführen lassen; nur gegen zu starke Übertreibungen äußert er auch Zweifel. Auch die Schreibweise des Plinius ist ungleich: auf kunstvolle Form verzichtet er selbst von vornherein; und so enthalten die Einleitungen oft maniert rhetorische Betrachtungen allgemein moralischen Inhalts, während die Abhandlung des eigentlichen Stoffes teilweise in rein registerhafte Aufzählung übergeht. Da er bei Betrachtung der Naturreiche immer ihre Beziehung zum menschlichen Leben festhält, kommt er in einzelnen Teilen (das sind gerade die für uns interessantesten) von seinem Thema recht weit ab (wie denn B. XXXIV—XXXVI eine bei dem Verluste anderer Quellen wertvolle Kunstgeschichte enthalten), und der Anschluß dieser Nebengebiete erfolgt mitunter wenig vermittelt. — Sein Werk wurde viel gelesen, auch im Mittelalter, und ausgezogen. So bildet der geographische Teil die Grundlage der Collectanea des Solinus (s. § 91), und aus seinen medizinischen Notizen wurde im 4. Jahrh. eine eigene Medicina Pliniana zusammengestellt.

§ 60. Beredsamkeit. Vertreter dieses Zweiges der Literatur, auf dem auch der ältere Plinius und Celsus (s. § 64) schriftstellerisch tätig waren, sind für uns Quintilian, Tacitus und der jüngere Plinius.

M. Fabius Quintilianus, ca. 35—96, aus Calagurris am Ebro in Spanien. Früh mit seinem Vater, der selbst Rhetor war, nach Rom gekommen, bildete er sich hier durch den Unterricht tüchtiger Redner. Nach Spanien zurückgekehrt, kam er mit Galba 68 wieder nach Rom und wirkte hier als Sachwalter und besonders als Lehrer der Beredsamkeit: er war der erste, der einer öffentlichen Schule mit einer Besoldung (salarium) aus der kaiserlichen Kasse vorstand. Mit Erfolg leitete er 20 Jahre lang seine Schule, die u. a. auch der jüngere Plinius besuchte. Nach seinem Rucktritt vom Lehramt um 90 beauftragte ihn Domitian mit der Erziehung der Enkel seiner Schwester Domitilla und verlieh ihm später konsularische Ehren.

Verloren ist seine Schrift De causis corruptae eloquentiae. Dagegen besitzen wir sein Hauptwerk, das die Summe seines praktischen Lebens darstellt, die bald nach 90 begonnene, seinem Freunde Vitorius Marcellus für dessen Sohn Geta gewidmete Institutio oratoria in 12 B., welche die gesamte Ausbildung des Redners von Jugend an behandelt: I die grammatische, II die rhetorische Elementarbildung des Redners; III—VII Theorie der inventio und dispositio, VIII—XI der elocutio; XII die praktische oratorische Tätigkeit. Quintilian stellt sich darin in Gegensatz zu der Richtung seiner Zeit auf das Künstliche: gestützt auf seine umfassenden literarischen Kenntnisse und seine persönliche Erfahrung, verlangt er eine Vereinfachung der rhetorischen Technik und das Zurückgehen auf die bewährten klassischen Muster, unter denen er ganz besonders Cicero hochstellt. Aus diesem vorzugsweise, aber auch aus anderen römischen wie griechischen Vorgängern entnimmt er die zahlreichen Beispiele zu seinen Auseinandersetzungen. So bewährt er einen geläuterten Geschmack und ein nüchternes, verständiges Urteil, dem es allerdings mitunter an Schärfe fehlt. Ciceros Bildungsideal für den Redner, dem der feinsinnige Mann nachgeht, entspricht freilich nicht mehr der gesunkenen Bedeutung der Redekunst. — Besonders wichtig für uns ist B. X, in dem er einen Abriß der griechischen und römischen Literaturgeschichte gibt, soweit sie für rednerische Zwecke in Betracht kommt.

Quintilians Namen tragen zwei Sammlungen von Declamationes, von denen die eine aus 19 größeren Schulreden besteht, die andere, der zweite Teil einer ursprünglich aus 388 Stücken bestehenden Sammlung, 145 Entwürfe von solchen enthält. Daß die erstere ihm völlig fremd ist, gilt als ausgemacht, sie stammt aus der Zeit des Apuleius; aber auch von der zweiten ist es höchst zweifelhaft, ob sie zu ihm in irgend einer Beziehung steht.

Vielleicht noch dem Ende des 1. Jahrh. angehörig ist der Rhetor Calpurnius Flaccus, von dessen Declamationes 53 im Auszuge erhalten sind.

§ 61. C. Plinius Caecilius Secundus, 62— ca. 113, Schwester- und Adoptivsohn des älteren Plinius, Schüler Quintilians, stammte aus Comum in Norditalien. Mit

19 Jahren trat er als Sachwalter auf; später bekleidete der vermögende Mann eine lange Reihe von Staats- und Gemeindeämtern, war 100 unter Trajan consul suffectus, ca. 112 Statthalter von Bithynien. Dort oder bald nach der Heimkehr ist er gestorben. Über sein Leben haben wir ausführliche Nachrichten durch seine Briefe, uber seine Ämter auch durch Inschriften seiner Heimat (namentlich eine von den durch ihn gestifteten Thermen von Comum). — Verloren sind seine poetischen Versuche, die er in späteren Jahren noch einmal aufnahm, und die nach seiner Angabe Beifall und Verbreitung fanden; verloren auch die Reden, die er als gesuchter Sachwalter gehalten hatte. Er pflegte sie später nach sorgfältiger Umarbeitung und Erweiterung vor geladenem Publikum zu rezitieren, um sie dann in Buchform zu veröffentlichen. Erhalten ist der sogen. **Panegyricus**. die Dankrede an Trajan für Erteilung des Konsulats, das einzige vollständig erhaltene Denkmal römischer Beredsamkeit seit Cicero, das Vorbild für die späteren Panegyriker, durch den überladenen Stil und durch Breite ermüdend, aber fur die Kenntnis der ersten Regierungsjahre Trajans von Wert. — Ferner haben wir von ihm 9 Bücher **Briefe** aus den Jahren 97—109, in sorgfältiger, der Ciceronischen nachgebildeter Sprache. Plinius hat diese stilistischen Kabinettstücke von vornherein für die Öffentlichkeit bestimmt; gerichtet sind sie meist an seine zahlreichen Freunde, zu denen auch Tacitus gehörte. Es zeigt sich in ihnen breite Redseligkeit, und seine Verdienste und tugendhaften Grundsätze weiß er geschickt in helles Licht zu setzen; aber sie lassen auch seine liebenswürdige und edle, bisweilen allerdings auch etwas rührselige Art erkennen. Sie geben ein anschauliches Zeitbild, namentlich von dem lebendigen literarischen Treiben in den höheren Kreisen. Besonders interessant sind VI 16. 20 (über den Tod seines Oheims) und II 17; V 6; IX 7 (Beschreibung seiner Landguter). — Dazu kommt noch amtlicher **Briefwechsel mit Trajan**, hauptsächlich aus der Zeit der bithynischen Statthalterschaft (daraus hervorzuheben Br. 96, betreffend die Maß-

regeln des Plinius gegen die Christen seiner Provinz, und Br. 97, Trajans Antwort darauf), höchst charakteristisch für die beiden Persönlichkeiten, den vom besten Willen beseelten, aber unpraktischen und ängstlichen Plinius und den klarblickenden, sicher entscheidenden Kaiser, sowie belehrend für die Kenntnis der damaligen Provinzialverwaltung.

§ 62. Unter den Grammatikern dieser Periode sind außer dem älteren Plinius (s. § 59) die bedeutendsten:

Q. Remmius Palaemon, der Lehrer des Persius und Quintilian, ein Freigelassener aus Vicetia (Vicenza), sehr begabt und berühmt auch als Improvisator, aber noch mehr berüchtigt wegen Sittenlosigkeit und Eitelkeit. Er hat durch Einführung der griechischen Technik den weitgreifendsten Einfluß auf die Gestaltung und Tradition der römischen Schulgrammatik ausgeübt, die wahrscheinlich nach seinem Vorgange Virgil zum Mittelpunkt der Sprachstudien machte, wie die griechische den Homer. Sein Lehrbuch (*Ars*) der lateinischen Grammatik wurde von den späteren Grammatikern, namentlich Charisius und Diomedes, benutzt; aber das unter seinem Namen erhaltene rührt nicht von ihm her.

Q. Asconius Pedianus, ca. 3—88 n. Chr., wahrscheinlich aus Padua, widmete seine Studien besonders Virgil und Cicero, zu dessen Reden er auf Grund sorgfältiger Studien in der gleichzeitigen Literatur und den noch vorhandenen Aktenstücken wertvolle geschichtliche Kommentare verfaßte. Wir besitzen von ihnen noch die zu fünf Reden (besonders zu pro Milone), freilich in lückenhafter Gestalt. Mit Unrecht tragen seinen Namen die zu den Verrinen vorhandenen Kommentare.

M. Valerius Probus aus Berytos, unter Nero blühend, veranstaltete von lateinischen Dichtern, wie Terenz, Lucrez, Virgil, Horaz, Persius, nach der Methode der alexandrinischen Gelehrten kritische Ausgaben: *emendare, distinguere, adnotare curavit*. Letzteres heißt: er deutete sein Urteil über den Text durch kritische Zeichen (Obelus, Diple u. a.) an. Zugleich wandte er seine Studien den damals vernachlässigten archaischen Schriftstellern zu, über die er im engsten Kreise sich äußerte. Veröffentlicht hat er nur wenig, aber wohl viele Beobachtungen hinterlassen, die von andern benutzt sind. Wir besitzen aus seinem Werke De notis (Abkürzungen, welche auf Setzung der Anfangsbuchstaben der betreffenden Wörter beruhen) einen juristische Abkürzungen enthaltenden Auszug. Auf seinen berühmten Namen ist mancherlei fälschlich gesetzt worden. Ein Kommentar zu den Bucolica und Georgica des Virgil scheint wenigstens in seinem ersten Teil dem Kern nach echt zu sein. Aber die Catholica (uber Nomen und Verbum) sind vielmehr dem Sacerdos (s. § 89) und die Institutio artium oder ars Vaticana (über die 8 Redeteile) einem späteren Probus (4. Jahrh.) zuzuweisen. — Auch Cornutus (s. § 58) verfaßte grammatische Schriften, besonders zu Virgil.

Von dem lyrischen Dichter Caesius Bassus, gestorben 79 beim Ausbruch des Vesuvs, dem Freunde des Persius und Herausgeber seiner Gedichte, haben wir wertvolle Reste eines Buches De metris ad Neronem.

§ 63. In der Rechtswissenschaft fanden die durch Ateius Capito und Antistius Labeo begrundeten Richtungen (s. § 49) beiderseitig Fortbildung: an den ersteren schloß sich an Masurius Sabinus, bis in die Zeiten Neros lebend, ein vielseitig gebildeter Jurist; seine 3 Bücher Iuris civilis wurden vielfach kommentiert und gingen auszugsweise schließlich auch in die Digesten (s. § 102) über. — Auf Labeo folgte zunächst der freimütige M. Cocceius Nerva, Konsul 22, der Großvater des Kaisers; dann Proculus, aus dessen Schriften ebenfalls Auszüge in die Digesten aufgenommen sind. Nach Sabinus und Proculus benannten sich die Schulen der Sabinianer und Proculianer.

§ 64. Medizin. A. Cornelius Celsus, unter Tiberius und Claudius, Verfasser von philosophischen Abhandlungen im Sinne der Sextii (s. § 51), schrieb unter dem Titel Artes eine Enzyklopädie, von der erhalten sind die Bücher VI—XIII De medicina. Er ubersetzte ein Lehrbuch der Heilkunde in gewandter und reiner Sprache, das ein

Cassius in Anlehnung an griechische Vorgänger wie Hippokrates, Herakleides, Asklepiades und Meges auf Tiberius' Anregung verfaßt hatte. Von den verlorenen Büchern handelten I—V über Landwirtschaft, die auf XIII folgenden von der Rhetorik (Sondertitel Institutiones oratoriae, 7 B., von Quintilian benutzt), von den verschiedenen philosophischen Systemen (Opiniones omnium philosophorum, 6 B.), vom Kriegswesen (von Vegetius benutzt) und auch von der Jurisprudenz.

Scribonius Largus schrieb, nachdem er 43 Claudius (*deus noster Caesar*) nach Britannien begleitet hatte, 47 und 48 eine lückenhaft erhaltene Sammlung von Rezepten (Compositiones medicae oder medicamentorum), in denen er ebenfalls meist bewährten griechischen Ärzten, wie Asklepiades, folgt, indes auch Mittel des Volksaberglaubens anführt. Die noch vorhandenen 271 Rezepte sind nach den Körperteilen vom Kopf an bis zu den Füßen geordnet.

§ 65. Landbau. L. Iunius Moderatus Columella aus Gades, als trib. mil. in Cilicien und Syrien, später Grundbesitzer in Italien, schrieb ca. 62 die erhaltenen 12 B. De re rustica. Denselben Stoff hat er in knapperer Form behandelt, und von dieser Bearbeitung ist noch vorhanden der Abschnitt De arboribus, der den Büchern III bis V des größeren Werkes entspricht. B. X (De cultu hortorum) ist in Hexametern geschrieben, als Ergänzung zu den Georgica Virgils, hinter dem er freilich an poetischer Begabung weit zurücksteht. Sein Werk gründete er auf eigene Erfahrung und ausgedehnte Studien der römischen Literatur (Hygin, Celsus, Varro) über den Gegenstand. Um für diesen Interesse zu erwecken, befleißigt er sich einer einfachen, geschmackvollen Darstellung. Er ist für seinen Beruf begeistert und von der hohen Bedeutung des Landbaues auch in völkischer Beziehung durchdrungen.

§ 66. Iulius Frontinus, ca. 40—103, ein charaktervoller und gebildeter Staatsmann und Soldat, wiederholt Konsul, 97 Oberaufseher der Wasserleitungen, verfaßte außer einer (verlorenen) Theorie des Kriegswesens (De re militari, benutzt u. a. von Vegetius) 3 Bücher **Strategemata** (ein viertes Buch ist von fremder Hand hinzugefügt), eine Sammlung von „Kriegslisten", aus guten Quellen geschöpft, in schlichter, aber gebildeter Darstellung, 2 B. **De aquis urbis Romae**, veröffentlicht 98, eine treffliche Geschichte und Beschreibung der Bewässerungsanstalten Roms, in nüchterner, klarer Sprache, mit Beifügung der gesetzlichen Bestimmungen über die Erhaltung und Benutzung der Wasserleitungen, und eine Schrift über **Feldmeßkunst**, von der Auszuge erhalten sind.

Die **Feldmeßkunst** hatte sich in der Kaiserzeit zu einer besonderen, außer dem bürgerlichen Leben auch militärischen Zwecken (Lagervermessung u. a.) dienenden Disziplin ausgebildet, die in eigenen Schulen gelehrt wurde und mit dem Technischen auch juristische Kenntnisse verband; denn die von Staats wegen angestellten Agrimensoren, auch gromatici genannt (von groma, ihrem Visierinstrument), dienten in Grenzangelegenheiten teils als Richter, teils als sachverständige Beistände. Auch eine halbmathematische, halbjuristische Literatur bildete sich aus, deren Überreste vom 1.—6. Jahrh. n. Chr. reichen. Schriftsteller dieser Art sind außer Frontinus in der Zeit Trajans **Hyginus**, dessen Werkchen **De limitibus, De condicionibus agrorum, De generibus controversiarum** handelt (ob ihm oder einem jüngeren Hyginus eine Schrift **De limitibus constituendis** gehört, ist streitig; eine ihm auch beigelegte Schrift **De munitionibus castrorum** stammt aus späterer Zeit), **Siculus Flaccus** mit der Schrift **De condicionibus agrorum** (nur auf Italien bezüglich) und **Balbus**, dessen Geometrie für Feldmesser, **Expositio et ratio omnium formarum**, nicht vollständig erhalten ist.

B. Poesie.

§ 67. Caesar Germanicus, 15 v. — 19 n. Chr., der hochgebildete Sohn des Drusus, ist Verfasser einer poetischen Bearbeitung der *Φαινόμενα* des Aratus, die er seinem Oheim und Adoptivvater Tiberius als Erstlingsfrucht dichterischer Tätigkeit gewidmet hat. Die in wohlgebauten Hexametern und gefälliger Sprache abgefaßte Bearbeitung behandelt die Vorlage mit Freiheit und Sachkenntnis, wie die dem damaligen Stande des astronomischen Wissens entsprechenden Änderungen zeigen. Von der Beliebtheit des Gedichtes zeugen auf alten Quellen beruhende Scholiensammlungen. Von dem Anhang zu den Phänomena, den Prognostica, sind nur größere Fragmente erhalten.

§ 68. Ebenfalls aus der Zeit des Tiberius stammen die Astronomica des M. Manilius, ein unvollendetes oder am Schluß verstümmeltes Lehrgebäude der Astrologie in 5 B., „ein stoisches Konkurrenzgedicht zu Lucrez". In den beiden ersten Büchern behandelt der Dichter, der sich wiederholt rühmt, als erster diesen Stoff in die römische Poesie eingeführt zu haben, Astronomisches als die Grundlage der Astrologie, allerdings ohne tiefere wissenschaftliche Kenntnisse zu besitzen, in den folgenden die Lehre von dem Einflusse der Konstellation auf das menschliche Geschick. Die Begeisterung, mit der er seiner Aufgabe gegenübersteht, und die Energie, mit der er den spröden Stoff behandelt, auch die Ungleichheit der Darstellung und Sprache, die oft nuchtern und schwerfällig sind, oft aber auch sich zu kühnem und erhabenem Ausdruck (Posidonius) emporschwingen, erinnern an Lucrez. — Über das Lehrgedicht Aetna s. § 39, über Columella s. § 65.

§ 69. Phaedrus, aus der mazedonischen Landschaft Pieria, in früher Jugend nach Rom gekommen und von Augustus freigelassen, hat die Fabeldichtung als besondere Gattung in die römische Literatur eingeführt. Die beiden ersten Bücher seiner Fabulae Aesopiae in Senaren gab er vor dem Jahre 31 heraus. Angebliche gehässige Anspielungen in diesen auf die Zeitverhältnisse zogen ihm die Verfolgung des Sejanus, des allmächtigen Günstlings des Tiberius, zu. Erst nach Tiberius' Tode gab er das 3. Buch heraus, dem er dann noch zwei andere folgen ließ. Er starb in hohem Alter unter Claudius oder Nero. Die Fabeln dieses Proleten scheinen unter den Gebildeten kaum Beachtung gefunden zu haben. Sie sind unvollständig auf uns gekommen. Der erhaltene Bestand der 5 Bücher ist nur als ein Auszug aus dem eigentlichen Werke zu betrachten; einen anderen Auszug aus demselben bilden die 30 Fabulae Perottinae (so genannt nach dem Auffinder Perotti); weitere Fabeln liegen in der Prosaparaphrase des Romulus (Jh. X) vor. — Phaedrus schließt sich vorzugsweise an griechische Vorbilder, besonders Äsop, an; aber er bringt auch, wie er nicht ohne Selbstbewußtsein hervorhebt, eigene Zutaten, selbst geeignete Anekdoten aus der jungsten Vergangenheit mit verblümten Wahrheiten. Seine Sprache ist im ganzen korrekt, die Darstellung leicht, klar und einfach, mitunter etwas volkstümlich derb, die Metrik sehr sorgfältig.

§ 70. Auf dem Gebiete des Dramas leistete der als Staatsmann, Feldherr und Dichter ausgezeichnete T. Pomponius Secundus, Konsul 44, nach dem Urteil der Zeitgenossen als Verfasser von Tragödien (erwähnt wird ein Aeneas) Hervorragendes. Er scheint der letzte zu sein, der wirklich noch für die Bühne geschrieben hat. Denn immer mehr nahm der Mimus als Liebling der großen Masse die Elemente des Dramas in sich auf und wurde das neue, freilich unliterarische Bühnenspiel. Nur fur Rezitationen waren bestimmt die Tragödien des Redners (s. § 56) Curiatius Maternus, ca. 65, von dem außer einer Medea und einem Thyestes auch Praetextae, wie Domitius, Cato, erwähnt werden. Auf diesem Gebiete versuchte sich auch der Philosoph Seneca (s. § 58), dessen Namen 10 Tragödien tragen, die einzigen aus dem römischen Altertum erhaltenen. Von diesem fuhrt aus sachlichen wie sprachlichen Grunden diesen Namen mit Unrecht die Praetexta Octavia, die das tragische Ende der Gemahlin Neros behandelt, und in der Seneca selbst auftritt. Dagegen spricht für die Echtheit der übrigen, die griechischen Vorbildern (Euripides) nachgedichtet sind — Hercules furens; Troades (Hecuba); Phoenissae (Thebäis; zwei Bruchstucke verschiedener Tragödien); Medea; Phaedra; Oedipus; Agamemnon; Thyestes; Hercules Oetaeus (?) mit später zugedichtetem ´Schluß —, außer Zeugnissen des Altertums ihre Ähnlichkeit untereinander und mit den Prosaschriften des Verfassers: überall, dem Zeitgeschmacke entsprechend, Affekt und Sensation, phrasenhafter Wortreichtum und Häufung rhetorischen Prunkes sowie tönender Sentenzen, wogegen die innere Stimmung und Charakterzeichnung sehr zurücktritt. Die Chorlieder behandeln in technischer Meisterschaft moralphilosophische Lehren. Die metrische Form ist überhaupt streng korrekt. Ob aber die Stücke zur Aufführung bestimmt waren, ist zweifelhaft. In der modernen Literatur haben sie lange als Musterwerke gegolten, dem jugendlichen Shakespeare, namentlich aber der französischen Tragödie als Vorbilder gedient.

§ 71. Roman. Petronius Arbiter, der unter Nero durch raffinierte Üppigkeit und feinen Witz, aber in seiner Statthalterschaft auch durch Energie bekannte, genial liederliche maître de plaisir (arbiter elegantiarum), dessen Tod 66 seinem Leben durchaus entsprach (Tac. ann. XVI 17), hat einen Saturae betitelten Zeit- und Sittenroman verfaßt, in dem ein gewisser Encolpius die von ihm und seinen Genossen an verschiedenen Orten erlebten Abenteuer erzählt. Leider besitzen wir von den etwa 20 Büchern nur Trümmer (namentlich aus B. XV. XVI), darunter auch ein größeres zusammenhängendes Bruchstück, die sogenante Cena Trimalchionis. Das protzenhafte Wesen dieses Kleinstädters, seine Prahlerei mit Besitz und Bildung ist von unwiderstehlichem Reiz. Der Roman, der unter Nero, und zwar in den erhaltenen Stücken in Cumae und Unteritalien spielt, bietet ein höchst wertvolles Sittenbild: auf geistreiche Art wird das völlig verderbte, in Üppigkeit und Laster aller Art versunkene Treiben der verschiedenen Volksklassen anschaulich geschildert. Vortrefflich sind die Zeichnungen der einzelnen Typen, deren Lebenswahrheit noch durch die einzelnen wie beim Mimus angepaßte Sprechweise aufs glücklichste erhöht wird. So findet sich neben der feinen Ausdrucksweise literarisch gebildeter Personen auch die Sprache der gewöhnlichen Leute mit ihren Derbheiten, sprichwörtlichen Wendungen, Verstößen gegen die Grammatik usw. aufs treffendste nachgebildet. Nach Art der satura Menippea wechseln mit der Prosa poetische Partien in den verschiedensten Maßen, darunter Parodien auf literarische Produktionen der Zeit (z. B. K. 89 geht auf Neros Troiae halosis; K. 119—124 auf Lucans Pharsalia). Es ist das genial frechste, aber auch an unmittelbarer Menschenschilderung gehaltreichste Buch aus der Römerzeit, das wohl in einem griechischen Schelmenroman Anlaß und Vorbild fand.

§ 72. Bukolische Dichtung. Von einem sonst unbekannten T. Calpurnius Siculus, der im Anfang der Regierung des Nero dichtete, haben wir 7 handwerksmäßige Eclogae, dem Virgil nachgebildet, sorgfältig im Versbau, voller Schmeicheleien für den jungen Nero. Vielleicht ist Calpurnius auch Verfasser des aus der Zeit des Claudius stammenden poetischen Panegyricus in Pisonem (C. Calpurnius Piso, Haupt der Verschwörung gegen Nero 65). Derselben Zeit gehören noch zwei ebenfalls Nero verherrlichende Eklogen eines Unbekannten an, nach ihrem Fundort gewöhnlich die Einsiedler Gedichte genannt.

§ 73. Epos. M. Annaeus Lucanus, 39—65, aus Corduba, Neffe des Philosophen Seneca, kam sehr jung nach Rom, genoß hier den Unterricht der bedeutendsten Lehrer und erregte durch seine hervorragenden Anlagen die Aufmerksamkeit Neros, der ihn unter seine Günstlinge aufnahm. Bald aber erweckte sein Dichtertalent die Eifersucht des Kaisers, so daß er ihm angeblich untersagte, seine Gedichte weiter öffentlich vorzutragen und als Redner aufzutreten. In hervorragender Weise an der Verschwörung des Piso beteiligt, verriet er nach der Entdeckung, um sein Leben zu retten, seine Mitschuldigen; selbst seine eigene Mutter Acilia beschuldigte er fälschlich der Teilnahme. Dennoch zum Tode verurteilt, kam er der Hinrichtung durch Selbstmord zuvor.

Lucan besaß eine ungewöhnliche Fruchtbarkeit, wie die große Zahl der Schriften, die er hinterließ, poetischer (Dramen, Epen usw.) wie prosaischer (Reden, Briefe), beweist. Erhalten ist nur ein unvollendetes Epos De bello civili oder Pharsalia in 10 B., welches den Kampf zwischen Pompejus und Cäsar bis zu des letzteren Belagerung in Alexandria hauptsächlich auf Grund der Darstellung des Pompejaners Livius schildert. Nur die ersten 3 Bucher hatte er selbst herausgegeben zur Zeit der Freundschaft mit Nero. Während er in diesen trotz Vorliebe fur Pompejus und Cato seine Abneigung gegen Cäsar beherrscht, wirft er nach dem Bruch mit Nero und seinem Übertritt zu den Gegnern der Monarchie jede Rücksicht beiseite: er stellt den Bürgerkrieg als den Kampf zwischen Freiheit und Alleinherrschaft dar und schlägt in der Beurteilung Cäsars, dessen Größe er nicht verstehen will oder aus jugendlicher Unreife nicht versteht, einen immer schärferen und ungerechteren Ton an mit Übertreibungen, Verschweigungen und Ensttellungen. So wird sein Epos „zum Parteigedicht der stoischen Opposition gegen die Monarchie". Dem Stoffe eine poetische Gestaltung zu geben, hat er nicht versucht oder vermocht. Die Anlage ist prosaisch: die Begebenheiten werden in chronologischer Folge erzählt; statt des herkömmlichen mythologischen Rüstzeugs hat Lucan wie die rhetorischen Historiker sein Werk mit Orakeln, Träumen, prunkvollen Deklamationen und Beschreibungen, auch von naturwissenschaftlichen Merkwürdigkeiten, ausgestattet. Die Darstellung ist kräftig, aber ungleich und oft mehr rhetorisch-pathetisch als dichterisch. Das Hervortreten des prosaischen Elementes hat schon in damaliger Zeit Anstoß erregt: manche wollten ihn überhaupt nicht als Dichter gelten lassen, weil er nicht ein Gedicht, sondern Geschichte geschrieben habe. Aber trotzdem fehlte es dem Epos nicht an Verehrern: das Gedicht wurde im Altertum und Mittelalter viel gelesen. Überreste der ihm im Altertum zugewandten gelehrten Tätigkeit sind in zwei Scholiensammlungen erhalten.

§ 74. T. Catius Silius Italicus, c. 25—101, befleckte seinen Ruf unter Nero, der ihn 68 zum Konsul machte, durch Angeberei, tilgte aber den Makel durch sein weises und mildes Verhalten als Freund des Vitellius und durch seine ruhmvolle Verwaltung von Kleinasien als Prokonsul. Später zog er sich zu literarischer Beschäftigung gänzlich auf seine zahlreichen, geschmackvoll ausgestatteten Landgüter, besonders in Kampanien, zurück. An einer unheilbaren Krankheit leidend, endete er durch freiwilligen Hungertod. Er widmete dem Virgil einen förmlichen Kultus und schrieb in enger Anlehnung an diesen, aber auch aus Homer vieles herübernehmend, Punica in 17 B., die Geschichte des Hannibalischen Krieges. In der Erzählung der Ereignisse folgt er vorzugsweise Livius. Die Darstellung ist nüchtern, aber durch allerhand deklamatorischen Prunk, Einflechtung von Episoden, Hineinziehen des mythologischen Elements usw. aufgeputzt, die Durchführung nicht gleichmäßig, die Behandlung des Verses aber streng, selbst einförmig. Mit Recht urteilt der jüngere Plinius (III 7, 5), daß er mehr Fleiß als schöpferische Dichterkraft besaß. Die Tendenz des Werkes ist national, und der Dichter wird daher Hannibal nicht gerecht. Die Dichtung scheint in der Folgezeit wenig Beachtung gefunden zu haben, da sie fast gar nicht erwähnt wird.

In welcher Beziehung zu Silius Italicus ein nach dem akrostichischen Anfang und Schluß von einem Italicus verfaßter, der Zeit des Nero angehöriger metrischer Auszug der Ilias steht, ist nicht bekannt; möglich, daß es eine Jugendarbeit von ihm ist. Das Werkchen ist dem Inhalt nach ungleich und ohne selbständigen Wert, der Versbau allerdings schulmäßig korrekt. Während des Mittelalters, aus dem die Betitelung Homerus Latinus oder Pindarus Thebanus stammt, wurde es vielfach benutzt.

§ 75. C. Valerius Flaccus aus Setia in Kampanien, gestorben vor 90, dichtete zwischen 70 und 79 dem Vespasian gewidmete Argonautica in mindestens 8 B. mit großem Aufwande von Gelehrsamkeit, künstlichen Redefiguren und wortreicher Deklamation, so daß die Darstellung nicht selten geschraubt erscheint, aber mit mehr dichterischem Geist als Lucan und Silius; der Versbau zeigt Virgils Technik. Dem letzten Buche fehlt der Schluß. Apollonius Rhodius, sein griechisches Vorbild, hat er frei benutzt und künstlerisch übertroffen.

§ 76. P. Papinius Statius, ca. 45—96, aus Neapel, Sohn eines selbst poetisch beanlagten Grammatikers, der später nach Rom zog, errang schon in jungen Jahren durch seine Dichtungen Beifall; besonders erregte er durch sein Talent im Improvisieren Bewunderung: wiederholt gewann er in poetischen Wettkämpfen den Preis. Er erfreute sich der Gunst Domitians und der angesehensten · Personen der Zeit, deren Gewogenheit er sich durch die untertänigste Schmeichelei zu erhalten suchte. Gegen Ende seines Lebens zog er sich wieder nach Neapel zurück. Sein Hauptwerk ist das 92 nach zwölfjähriger Arbeit vollendete und Domitian gewidmete Epos **Thebäis** in 12 B., der Kampf der Söhne des Ödipus um Theben bis zum Tode des Kreon, in ungleicher, durch Häufung von Gleichnissen und künstliches Pathos entstellter Ausführung, deren Zusammenhang oft durch lange Episoden gestört wird. Auch seine Achillēis, von der nur ca. 2½ Bücher vollendet wurden, war weitläufig angelegt, wie das Vorhandene zeigt (Aufenthalt des Helden bei Lykomedes und Antritt der Fahrt nach Troja); doch schreibt hier der Dichter natürlicher. Beide Epen wurden im Altertum und Mittelalter viel gelesen. Am anziehendsten sind seine **Silvae**, 32 Gelegenheitsgedichte in 5, verschiedenen Gönnern gewidmeten und einzeln herausgegebenen Büchern (das letzte erst nach seinem Tode); die meisten sind in Hexametern, einzelne auch in lyrischen Maßen geschrieben. Er behandelt darin allerhand öffentliche und Familienereignisse, Kunstwerke, Bauten usw. in leichter, eleganter, flüchtiger Form, ungefähr in der Art des Ovid (*subito calore et quadam festinandi voluptate*, sagt er selbst in der Vorrede zu B. I). Jedenfalls zeigt sich in ihnen nicht gewöhnliches poetisches Talent und rege Phantasie, anderseits aber auch erheucheltes Gefühl (zum Teil sind sie auf Bestellung gearbeitet), rhetorische Schablone und namentlich dem Kaiser gegenüber unwürdige Schmeichelei. Als Sittenbilder der Zeit sind sie wertvoll.

§ 77. Satire. A. Persius Flaccus, 34—62, aus einer Ritterfamilie zu Volaterrae in Etrurien, kam früh nach Rom und wurde hier von tüchtigen Lehrern, wie von Remmius Palaemon (s. § 62) und dem ihn väterlich liebenden Stoiker Cornutus (s. § 58), gebildet, war auch mit Thrasea Paetus, Caesius Bassus (s. § 62) und Lucanus befreundet. Erst 28 Jahre alt, wurde der sittenreine und mädchenhaft schöne Jüngling durch ein Magenleiden dahingerafft. Aus seinem poetischen Nachlaß bestimmte Cornutus nur die erhaltenen 6 Satirae mit dem in Hinkjamben abgefaßten Prolog zur Veröffentlichung, die er Caesius Bassus überließ. Zur Wahl dieser Dichtgattung soll Persius durch die Lektüre des Lucilius angeregt worden sein. Während die erste Satire sich in frischer Weise gegen die Verkehrtheiten der literarischen Bestrebungen der Neronischen Zeit richtet, geißeln die übrigen in herrischem Predigerton die Laster der Gesellschaft und sind meist stoische Abhandlungen nach landläufigen Lehrbüchern in poetischer Form. Der kaum der Schule entwachsene Dichter kennt das Leben zu wenig, findet aber aus innerem Drange Töne echten Gefühls. Seine Redeweise ist übermodern, bis zur Dunkelheit gesucht, ja verschroben. Viele Wendungen übrigens sind seinen Vorgängern Lucilius und besonders Horaz entlehnt. Trotz alledem fanden seine Satiren bei den Zeitgenossen wie auch im weiteren Altertum großen Anklang, und auch im Mittelalter wurden sie wegen ihrer moralischen Strenge viel gelesen.

§ 78. D. Iunius Iuvenalis aus Aquinum, bis ca. 130. Die Nachrichten über sein Leben sind schwer vereinbar. Sicher ist, daß er etwa seit 90 als Rhetor in Rom lebte; unglaublich, daß er im 80. Lebensjahre wegen Beleidigung eines einflußreichen Schauspielers unter dem Vorwand eines militärischen Kommandos in eine ferne Gegend verbannt wurde. Daß er ferne Gegenden, wie Ägypten und Britannien, aus eigener Anschauung kannte, geht aus seinen Gedichten hervor; wahrscheinlich hat ihn dorthin in jüngeren Jahren der Kriegsdienst geführt. Der Dichtkunst wandte er sich erst in reifen Jahren zu. Seine

16 Satirae (in 5 einzeln herausgegebenen Büchern, I unter Trajan nach 100, die übrigen unter Hadrian, V nach 128) zeigen leidenschaftlichen Unwillen (1, 30 *difficile est satiram non scribere*; 79 *facit indignatio versum*) über die Verderbnis der vornehmen Welt Roms, die er, stark von der literarisch-ethischen Strömung berührt, mit grellen Farben und trivialem Pathos sittlicher Entrüstung schildert; in den späteren Satiren wird sein Ton ruhiger. Seine Lebensauffassung ist, wohl infolge einer durch persönliche Mißerfolge herbeigeführten Verbitterung, durchweg düster und pessimistisch, und infolge der Durchführung seiner grotesken Invektiven nach schulmäßigem Plan wird die Darstellung eintönig. Namen und Szenen verlegt er überwiegend in die Vergangenheit, aber so, daß die Beziehung auf die Gegenwart erkennbar wird. Uns sind manche Anspielungen unverständlich, trotz der Scholien voll alter Gelehrsamkeit. Der anschauliche Lebensschilderer, der bei lucilischer Formlosigkeit in glitzernden Schlagworten schwelgt, wurde im Altertum viel gelesen; auch im Mittelalter stand er als Ethicus in hohem Ansehen und war nächst Virgil neben Terenz und Horaz der auf Schulen am meisten gelesene Dichter.

§ 79. Den Namen der Sulpicia, der als Verfasserin erotischer Dichtungen von Martial gerühmten Gattin des Calenus, trägt ein gewöhnlich als Satira bezeichnetes Gedicht in 70 Hexametern, Klagen an die Muse über den Niedergang Roms, da nach dem Schwinden der *virtus belli* auch der *sapientia pacis* infolge der Vertreibung der Philosophen durch Domitian der Untergang drohe, sowie die Prophezeihung der Muse vom baldigen Sturz Domitians. Das Gedicht ist ohne poetischen Wert und aus sehr später Zeit, wenn überhaupt dem Altertum angehörig.

§ 80. Das römische Epigramm erreichte in dieser pointenhaschenden Zeit seinen Höhepunkt in M. Valerius Martialis, ca. 40—102. Aus Bilbilis im tarrakonensischen Spanien 64 nach Rom gekommen, lebte er hier als Klient vornehmer Häuser und wurde nicht müde, für Geld, Geschenke oder eine Mahlzeit sein Talent in den Dienst der

Reichen und Großen zu stellen. Auch bei den beiden Kaisern Titus und Domitian wußte er sich so zu empfehlen, daß er durch Verleihung des Titulartribunats in den Ritterstand erhoben wurde. Obwohl seine Epigramme außerordentlichen Beifall fanden, gelang es ihm doch nicht, zu der ersehnten unabhängigen Stellung zu gelangen, und als er, wohl durch die unter Nerva und Trajan eingetretene Änderung der Verhältnisse bestimmt, 98 nach Bilbilis zurückkehrte, mußte ihn Plinius mit Reisegeld unterstützen. In der Heimat war es ihm durch die Großmut der reichen und hochgebildeten Marcella, die ihm ein schones Landgut schenkte, vergönnt, seine letzten Lebensjahre in Behaglichkeit zuzubringen, wiewohl er die Sehnsucht nach Rom nur schwer bemeisterte.

Wir besitzen von ihm gegen 1200 Epigramme in 15 Büchern. Davon enthält das erste, der sog. Liber spectaculorum, Epigramme zur Verherrlichung der im J. 80 von Titus bei der Einweihung des Flavischen Amphitheaters gegebenen großartigen Schaustellungen, die beiden letzten, ca. 85 veroffentlichten Aufschriften für Geschenke bei den Saturnalien mit den Titeln Xenia (Freunden ins Haus geschickte) und Apophoreta (bei der Tafel erloste). Von den ubrigen Büchern sind die ersten 11 in Rom 86—98 zwar zu verschiedenen Zeiten veröffentlicht, sollten aber nach der Absicht des Dichters eine durchgezählte Sammlung bilden, von der B. X in der nach Domitians Tode vorgenommenen Umarbeitung vorliegt; B. XII ist in Bilbilis hinzugefügt. Abgefaßt sind die Epigramme mit seltenen Ausnahmen im elegischen Distichon, im Choliambus und dem phalácischen Hendekasyllabus; in dem ersten, überwiegenden Metrum schließt sich der Dichter an Ovid, in den letzteren an Catull an. — Martial ist der erste Meister des Epigramms in der Weltliteratur, einer der größten Sittenmaler von beispiellosem Erfolge. Er gehört zu den wenigen originalen Dichtern, welche Rom aufzuweisen hat; auch wo er sich Entlehnungen verstattet hat, gelingt es ihm, sich das Fremde durch glücklichere Behandlung zu eigen zu machen oder seinen Vorgänger durch Eleganz der Form,

Witz oder Vergröberung zu übertreffen. Die unterwürfige Schmeichelei des armen Dichters gegen die Großen und Reichen, von denen er abhing, sein behagliches Waten durch den Schmutz des Großstadtlebens, sein Spott und Hohn über Welt und Gesellschaft, alles dies ist getadelt worden: es findet seine Erklärung in dem Geist seiner Zeit und seiner Dichtung.

Vierte Periode.
Von Hadrian bis zum Untergange des weströmischen Reiches (117—476).

§ 81. Der erste Kaiser seit Claudius, der fur die Literatur ein ernstlicheres Interesse zeigte, war der Philhellene Hadrian. Er begründete in Rom das Athenaeum, ein gelehrtes Institut, an welchem nicht allein lateinische und griechische Rhetoren Unterricht erteilten, sondern auch Dichter vorlasen und Sophisten ihre Prunkreden hielten, und welches in der Folge als Sammelplatz der gebildeten Gesellschaft Roms diente. Diese Schöpfung wurde von Hadrians Nachfolgern erweitert und auf andere Städte ubertragen, wie auch von reicheren Gemeinden nachgeahmt; aber neues Leben hat sie der römischen Literatur nicht mehr einzuhauchen vermocht. Hatte man sich in der Flavierzeit der Sprache Ciceros wieder zu nähern gesucht, so kam jetzt, entsprechend der damals im Griechischen modischen Altertümelei des Atticismus, unter dem Einflusse von Hadrians affektierter Vorliebe für die archaische Literatur eine durch das 2. Jahrhundert sich hinziehende Richtung auf, die im Gefühl versagender Entwickelungskraft noch weiter zurückgriff und neben einer Überfülle von Gräzismen geschwundene Wörter und Wendungen geschmacklos hervorzog, wodurch die Abkehr der manierierten Schriftsprache von der lebendigen Sprache den Höhepunkt erreichte. Damit versiegte dann die Entwickelung der römischen Produktion überhaupt. Es bilden sich in den Provinzen, die nicht mehr durch einen gemeinsamen Mittelpunkt angezogen werden, eigenartige literarische Richtungen aus, so in Gallien, das seit der Mitte des 4. Jahrhunderts ein hervorragender Sitz des Unterrichts und der Rhetorik wurde. In Afrika bedarf das aus unteren Schichten hinaufdrängende Volk der Übersetzungen aus dem Griechischen. Immer mächtiger macht sich der Einfluß des Christentums geltend, das eine veränderte Weltanschauung mit sich führt: ihm kann ein wirksamer Widerstand von dem längst haltlosen Heidentum nicht mehr entgegengestellt werden.

Nur auf einem Gebiete wird in dieser Barockzeit Glänzendes geleistet: die Rechtswissenschaft wird durch eine Reihe hervorragender Vertreter, die sich unabhängig vom Zeitgeschmack eines knappen, echt lateinischen Ausdrucks befleißigten, zu der Vollendung geführt, durch die das römische Recht mit original lateinischer Terminologie die Grundlage der Rechtsentwicklung bei den modernen Völkern geworden ist. Im übrigen weist die profane Literatur nur wenige Leistungen auf, die mehr als ein historisches Interesse beanspruchen können.

Neben die profane Literatur tritt gegen Ende des 2. Jahrhunderts die des Christentums, die das wissenschaftliche Rüstzeug den griechischen Apologetikern entlehnt und im 4. Jahrh. einen Höhepunkt erreicht, der zugleich eine Höhe der Weltliteratur wurde.

Der besseren Übersicht wegen zerlegen wir diese Periode noch in zwei Zeiträume: I. **Von Hadrian bis auf Constantin d. Gr. (117—324); II. Von Constantin d. Gr. bis zum Untergange des weströmischen Reiches (324—476).**

I. Von Hadrian bis Constantin d. Gr. (117—324).

A. Poesie.

§ 82. Von poetischen Erzeugnissen besitzen wir aus dieser Zeit nur sehr wenig.

Einige hübsche Gedichte sind von einem **Florus** erhalten, mit dem Hadrian Scherzgedichte wechselte. Er ist wohl der Rhetor Florus, der nach der erhaltenen Einleitung eines Dialogs über die Frage **Vergilius orator an poeta** aus Afrika stammte, in jungen Jahren unter Domitian sich an dem kapitolinischen Wettkampf beteiligte und unter Trajan in Tarraco als Lehrer tätig war, ferner der Verfasser des Geschichtsabrisses, s. § 84.

Auf ihn hat man auch vermutungsweise zurückführen wollen das Pervigilium Veneris (Nachtfeier der Venus), bestimmt für eine nächtliche Frühlingsfeier der Venus (Genetrix), in 93 wohlklingenden trochäischen Tetrametern, welche durch den wiederkehrenden Schaltvers *Cras amet, qui nunquam amavit, quique amavit, cras amet* in ungleiche Strophen geteilt werden. Das Gedicht zeigt eine gewandte und lebhafte Ausdrucksweise, bisweilen einen sentimentalen Ton.

Von Terentianus Maurus (aus Mauretanien), gegen Ende des 2. Jahrhunderts, rühren her drei Lehrgedichte: De litteris in Sotadeen, De syllabis in trochäischen Tetrametern und Hexametern und De metris (am Schluß verstummelt), mit großer Kunst und Gewandtheit im Gebrauch der behandelten Versmaße. Während Juba nach Heliodor und Hephaestion in seinem metrischen Handbuch mehrere grundlegende Metra annahm, leitete Terentianus nach Caesius Bassus (Varro) vom daktylischen Hexameter und jambischen Trimeter die anderen Metra ab.

Von Q. Serenus Sammonicus, ca. 230, ist erhalten ein Liber medicinalis, eine Sammlung von 63 Rezepten in 1107 Hexametern, inhaltlich besonders aus Plinius geschöpft, geschickt in Form und Darstellung.

Nemesianus aus Karthago, ca. 280, ist Verfasser von 4 bukolischen Gedichten, ungeschickten Nachahmungen des Calpurnius (s. § 72), und eines Jagdgedichtes (Cynegetica), von dem nur der Anfang erhalten ist.

Wohl aus dem 3. Jahrh. stammt eine Sammlung von praktischen Sprüchen in Hexameterpaaren: Dicta Catonis ad filium in 4 B. mit typischer Bedeutung des alten Censorius. Diese Disticha haben das ganze Mittelalter hindurch mit ihrer Alltagsklugheit in Nachahmungen und Übersetzungen eine große Rolle gespielt, auch monostichische Spruchweisheit hervorgerufen.

Zahllose kleinere Gedichte (z. B. Gebet an den Ozean, Ruderlied, epistola Didonis) von meist unbekannten Verfassern sind in verschiedenen codices (Vossianus, Salmasianus u. a.) erhalten. Man findet sie in der sogen. Anthologia latina zusammengestellt.

B. Prosa.

§ 83. Geschichte. C. Suetonius Tranquillus, ca. 75—150, ein Freund des jüngeren Plinius, lebte unter Trajan als Sachwalter und Lehrer der Rhetorik in Rom, war eine Zeitlang Geheimsekretär (ab epistulis) Hadrians, wurde aber, als dieser eine strengere Etikette für seine Gemahlin Sabina einführte, entlassen und trat wieder ins Privatleben zurück, um sich ganz der literarischen Tätigkeit hinzugeben. Diese war eine sehr ausgedehnte nach Art des Varro, dessen Forschungen er durch die seiner Zeitgenossen und Nachfolger ergänzte, bezog sich indes vorzugsweise auf das Gebiet der Grammatik, der Antiquitäten und der Geschichte, jedoch auch hier mit besonderer Hervorhebung des literarisch oder kulturgeschichtlich Interessanten. Kein Schriftsteller nach ihm hat den Umfang seines Wissens, seine Gründlichkeit und seinen unermüdlichen Fleiß wieder erreicht; freilich ist dieser Scholastiker über das schematische Sammeln von Notizen nicht hinausgekommen.

Von seinen zahlreichen, später vielfach ausgebeuteten, teils lateinischen, teils griechischen Schriften ist das 119—121 verfaßte Werk De vita Caesarum bis auf die Einleitung erhalten, die Biographien der 12 ersten Kaiser in 8 Büchern (I—VI Cäsar bis Nero, in je einem Buch; VII die Kaiser von 68—69; VIII die Flavier), aus guten Quellen zusammengestellt mit Fleiß, nüchternem, verständigem Urteil und dem sichtlichen Streben nach Wahrheit, aber ohne historischen Sinn und ohne die Fähigkeit, nach Art der historisch-politischen Biographie der Peripatetiker ein einheitliches Charakterbild zu schaffen. Es sind ziemlich gleichförmig nach bestimmten Kategorien geordnete Sammlungen von teils wertvollen Nachrichten, teils all die kleinlichen, seltsamen oder schmutzigen Züge des Privatlebens, den Klatsch bietenden Anekdoten. Die Sprache ist klassischen Mustern nachgebildet, einfach und klar, teilweise gedrängt. Durch Suetons Vorgang ist die Historiographie von der Biographie verdrängt worden. Seine Caesares sind viel gelesen, und seine von den Alexandrinern in der Biographie begründete, von Varro, Asconius und Probus befolgte schematisch notizenhafte Methode ist bis ins Mittelalter vorbildlich gewesen. — Erhalten sind ferner aus seinem literaturgeschichtlichen Werke De viris illustribus, das in alexandrinischer Manier nach Fächern (Dichter, Redner, Geschichtschreiber, Philosophen, Grammatiker und Rhetoren, aber nur römische) und innerhalb derselben chronologisch geordnet war, ein Teil (nicht ganz vollständig), De grammaticis et rhetoribus, und aus dem Abschnitt De poetis Auszüge, besonders ausführlichere über Terenz, Virgil, Horaz und Lucan. Über die Benutzung dieses Werkes durch Hieronymus s. § 107. — Von seinen anderen Schriften handelte De notis über kritische Zeichen, Tachygraphie und Geheimschrift, Ludicra historica über römische Festspiele, De anno Romano brachte Kalendernotizen, das naturhistorische Sammelwerk Prata allerlei Buchgelehrsamkeit über die Menschen, die Zeiten und die Natur der Dinge. Für die Späteren, Römer wie Griechen, sind die Werke dieses Realphilologen eine reiche Fundgrube gewesen.

§ 84. L. Annaeus Florus, wohl der § 82 erwähnte Dichter, verfaßte unter Hadrian eine fälschlich Epitoma de T. Livio betitelte Übersicht der römischen Kriegsgeschichte bis zum Tode des Augustus in 2 Büchern, auch mit Benutzung des Livius. Der ausgesprochene Zweck ist, die Heldenhaftigkeit des römischen Volkes, dessen Geschichte er nach den verschiedenen Lebensaltern (infantia, adulescentia, iuventus, senectus) einteilt, zu verherrlichen. Die Darstellung ist reich an Irrtumern und Entstellungen, die Sprache lebhaft und klar, rhetorisch und dichterisch aufgeputzt. Trotz seines geringen historischen Wertes war das Buch später beliebt und ist auch im Mittelalter viel benutzt und gelesen worden.

Nach Hadrian, wohl in der letzten Hälfte des 2. Jahrh., verfaßte Granius Licinianus ein Geschichtswerk, aus dessen 26., 28. und 36. Buche nicht unbedeutende, auf die Jahre 163 bis 78 v. Chr. bezügliche Bruchstücke erhalten sind. Die Anlage des Werkes war annalistisch; die Darstellung ist dürr und trocken; besonderes Gewicht scheint auf allerhand Anekdoten, Wunder usw. gelegt zu sein.

Ebenfalls nach der Zeit des Hadrian widmete L. Ampelius einem Macrinus (vielleicht dem Kaiser, 217—218) einen sehr ungleichmäßigen, dürren, aber doch einzelne seltene Nachrichten bietenden Abriß (Liber memorialis) der Kosmograhpie, Geographie (mit Berücksichtigung besonderer Merkwürdigkeiten, der miracula mundi), Mythologie und der assyrisch-medisch-persischen, der griechisch-macedonischen und der römischen Geschichte mit Beschränkung auf die Zeit der Republik.

§ 85. Um 230 n. Chr. verfaßte L. Marius Maximus, ein hoher Militär- und Staatsbeamter, eine weitschweifige Fortsetzung der Suetonischen Kaiserbiographien von Nerva bis Elagabal. Bruchstücke aus diesem Werke sind in der Sammlung der Scriptores historiae Augustae enthalten, für die es neben dem ähnlichen Werke des Iunius Cordus eine Hauptquelle bildete. In dieser Sammlung aus theodosischer Zeit, welche die Biographien der Kaiser Hadrian bis Numerian (117—284, doch verloren durch Blätterausfall 244—260) umfaßt, sind die Werke von 6 Schriftstellern vereinigt, Aelius Spartianus, Iulius Capitolinus, Vulcacius Gallicanus, Trebellius Pollio, Aelius Lampridius und Flavius Vopiscus, die unter Diocletian und Constantin schrieben. Diese Biographien sind überaus armselige Machwerke; sie bestehen aus höchst ungeschickt ausgewählten und ohne tieferen Plan zusammengestellten Auszügen und sind mit größter Nachlässigkeit niedergeschrieben; die angeführten Aktenstücke sind teilweise gefälscht. Und doch bergen sie strichweise einen wichtigen sachlich-historischen Kern und sind fur manche Partien die hauptsächlichste Quelle unserer Kenntnis.

Iulius Valerius, um 300 n. Chr., übersetzte die romanhafte Darstellung des Lebens Alexanders des Großen von Pseudo-Kallisthenes (Res gestae Alexandri Macedonis translatae ex Aesopo graeco, 3 B.); diese Schrift ist die Hauptquelle für die mittelalterlichen Bearbeitungen der Alexandersage. Die sogen. Metzer Alexander-Epitome gehört etwa ins 4. Jahrh.

§ 86. Beredsamkeit. M. Cornelius Fronto aus Cirta in Numidien, ca. 100—168, Konsul 143, stand bei seinen Zeitgenossen in hohem Ansehen als Gerichtsredner und Rhetor und genoß die Gunst der Kaiser Hadrian und Antoninus Pius sowie des M. Aurelius und L. Verus, die er erzogen hatte. Namentlich mit ersterem verband ihn die innigste Freundschaft, von der sein vorhandener Briefwechsel mit ihm als Thronfolger und Kaiser Zeugnis ablegt. Außer diesem besitzen wir mehr oder minder vollständig seinen Briefwechsel mit Pius und Verus als Kaisern, Briefe an Freunde, zwei Abhandlungen De eloquentia und De orationibus, zwei historische Schriften Principia historiae (Vorläufer zu einer Geschichte des von Verus gegen die Parther geführten Krieges) und De bello Parthico (über die diesem Kriege vorausgegangenen Niederlagen der Römer durch die Parther) und die rhetorischen Deklamationen Laudes fumi et pulveris, Laudes neglegentiae und Arion, fast nichts aber von seinen Reden. Über diese lauten die Urteile aus seiner und der Folgezeit so rühmend, daß man ihm einen hohen Rang in der Literatur einräumte, bis die Wiederauffindung seiner oben erwähnten Schriften ihn in seiner Unbedeutendheit erkennen ließ. Er erscheint in ihnen als ein ehrenwerter und unterrichteter, aber eitler und beschränkter Mann, der das alte Römertum durch Nachahmung archaischer Sprachformen und Ausdrucke wieder zu beleben dachte. Es ist ein Zeichen der geistesarmen Zeit, daß es diesem barocken Redemeister gelang, eine eigene Schule zu bilden, die sich nach ihm Frontoniani benannte und ihm hohe Verehrung zollte.

§ 87. Apuleius, geb. ca. 124 aus angesehener Familie zu Madaura in Numidien, erhielt seine erste Ausbildung in Karthago, betrieb dann in Athen ausgedehnte wissenschaftliche Studien, namentlich in der Philosophie, und ließ sich nach weiten Reisen in Rom als Sachwalter nieder. Hier entstand sein Hauptwerk, die Metamorphoses (auch asinus aureus genannt) in 11 B., ein phantastisch-satirischer Sittenroman, worin ein junger Grieche Lucius die Abenteuer erzählt, die er während der Zeit erlebt hat, wo er durch eine Zaubersalbe in einen Esel verwandelt war. Die Grundlage bildet ein griechischer Roman, der auch in dem Lucian fälschlich beigelegten Ὄνος benuzt ist; in die Rahmenerzählung sind viele Geschichtchen eingelegt, darunter auch das reizende Kunstmärchen von Amor und Psyche mit mythologischem Einschlag. Aus diesem Werk elegantester Unterhaltungskunst, bei dem Apuleius Sisennas Bearbeitung der Μιλησιακά benutzt hat, klingt frivole Sinnlichkeit und Glaubenssehnsucht einer friedlosen Zeit; der selbständige Schluß betont leidenschaftlich die religiöse Wertung des Erzählten auf Grund des modischen Mystizismus. Nach Afrika zurückgekehrt, zog er sich durch die Verheiratung mit einer bedeutend älteren reichen Witwe seitens ihrer Verwandten eine Anklage als Zauberer zu; er wurde aber freigesprochen. Seine bei dieser Gelegenheit gehaltene Verteidigungsrede arbeitete er zu einem rhetorischen Prunkstück Pro se de magia in 2 B. (gewöhnlich Apologia betitelt) aus. Später war er Provinzialpriester des Kaiserkultes in Karthago, von wo aus er nach der Weise der griechischen Sophisten als Wanderredner umherzog. Eine Anschauung von dieser Tätigkeit geben die Florida, eine „Blumenlese" aus seinen Reden und Deklamationen. Ferner besitzen wir von ihm mehrere philosophische Schriften, in denen sich der spätere ekstatische Neuplatonismus ankündigt: De Platone et eius dogmate (auf 3 Bücher angelegt; doch sind nur I und II über Naturphilosophie und Ethik vorhanden; an Stelle des III über die Dialektik ist eine den Gegenstand nach peripatetisch-stoischer Lehre behandelnde Schrift eingeschoben); De deo Socratis (Darlegung der Platonischen Lehre über die Gottheit und Dämonen); De mundo (eine

Bearbeitung der auf Posidonius beruhenden Schrift περὶ κόσμου). Die Sprache des Apuleius, der auch griechisch schrieb, ist, besonders in den Metamorphosen, überladen, buntscheckig im Stil, voller Flitterkram und Provinzialismen, namentlich auch der Zeitrichtung entsprechend in gezierter Weise archaistisch. — Verloren sind eine große Anzahl anderer Schriften, poetische, historische, naturwissenschaftliche, astronomische usw.; andere tragen mit Unrecht seinen Namen, wie das Herbarium (De herbarum medicaminibus), der Dialog Asclepius u. a. Überhaupt war der vielseitige, aber auch phantastische und eitle Mann schon fruh zu einer Art Wundergestalt geworden (ähnlich dem Apollonius von Tyana), von dem die mannigfachsten Sagen, namentlich auch unter den Christen, erzählt wurden.

§ 88. Seit dem Ausgang des 3. Jahrh. hat die Redekunst ihren Hauptsitz in den Städten Galliens. Von der hier ausgebildeten, mehr auf Wortfulle und äußere Glätte als auf Gedankeninhalt gerichteten und durch Lobhudelei abstoßenden Beredsamkeit besitzen wir eine Reihe Proben in einer auch den Panegyricus des Plinius (s. § 61) als Muster enthaltenden Sammlung von Festreden (Panegyrici latini XII). Von diesen hat acht Eumenius während der Jahre 289—313 in Gallien gehalten: zwei zu Ehren des Maximian, eine bemerkenswerte 297 für die Wiederherstellung der Schulen in seiner Vaterstadt Augustodunum (Autun), eine auf Constantius und vier Reden auf Constantin. Auf diesen bezieht sich auch die von dem Rhetor Nazarius 321 verfaßte Lobrede. Von den beiden letzten Reden der Sammlung ist die eine auf Julian 362 in Konstantinopel von dem Konsul Claudius Mamertinus, die andere auf Theodosius I. von dem Rhetor Latinius Pacatus Drepanius, dem Landsmann und Freund des Ausonius (s. § 94), 389 in Rom im Senat gehalten.

§ 89. Die Grammatik und verwandte Gebiete fanden zahlreiche Bearbeiter, besonders im 2. Jahrh., wo sich die Studien unter dem Einfluß der Schule Frontos namentlich der archaischen Literatur zuwandten.

Von Q. Terentius Scaurus, dem namhaftesten Grammatiker aus der Zeit Hadrians, Verfasser eines vielbenutzten Lehrgebäudes der Grammatik (Ars) und einer Poetik, ist ein fur die Sprachgeschichte wichtiger Traktat De orthographia erhalten (Quelle: Varro). — Von Caesellius Vindex benutzten Iulius Romanus und Gellius Lectiones antiquae; Exzerpte daraus finden sich auch bei Cassiodor.

Derselben Zeit gehört wohl auch an Aemilius Asper, Verfasser gerühmter Kommentare zu Terenz (benutzt von Donatus und in den Bembinusscholien), Sallust (bei Charisius) und namentlich zu Virgil. Eine späte Ars, die auf seinen Namen geht, hat mit diesem alten Erklärer nichts zu tun.

Flavius Caper, aus dessen besonders auch das Altlatein berücksichtigenden Werken wir noch Auszuge haben (De orthographia, De verbis dubiis nach Plinius), lebte zwischen Probus und Iulius Romanus.

Velius Longus, Kommentator der Aeneis, von dem sich eine Schrift De orthographia erhalten hat, war älter als Gellius.

C. Sulpicius Apollinaris, aus Karthago, Frontos Zeitgenosse, war seinerzeit einer der Hauptvertreter der grammatischen Studien, von ihm sind jedoch nur metrische Inhaltsangaben zu den Komödien des Terenz (und Plautus?) in je 12 Senaren und zu den 12 Büchern der Aeneis in je 6 Hexametern vorhanden.

A. Gellius, Schüler des Sulpicius Apollinaris und Bekannter des Fronto, begann seine jahrelang gesammelten Exzerpte während eines Studienaufenthaltes in Athen in den langen Winternächten zu einem Buche auszuarbeiten, das er deshalb Noctes Atticae betitelte. Das in Rom um 175 vollendete Sammelwerk umfaßt 20 Bücher, von denen Anfang und Schluß sowie B. VIII bis auf die Kapitelüberschriften verloren sind. Es werden darin die verschiedensten Themen aus dem Gebiet der Sprache, Literatur, Geschichte, Altertümer, Philosophie, des Rechts usw. abgehandelt ohne bestimmten Plan, nach Exzerpten aus griechischen und lateinischen, namentlich archaischen

Schriftstellern, mit Vorliebe in einer novellistischen Einkleidung, besonders eines Gesprächs zwischen Gelehrten seiner Zeit. Gellius zeigt in diesen Lesefruchten pedantischen Fleiß, aber wenig Kritik und selbständiges Urteil. Das Miszellanwerk gibt ein anschauliches Bild von dem Eifer, mit dem damals die philologischen Studien über Plautus, Ennius, Cato, Gracchus, Virgil u. a. betrieben wurden, und ist eine reiche Fundgrube wichtiger Notizen, daher es auch schon im Altertum vielfach benutzt wurde, wie von Nonius und Macrobius, aber auch im Mittelalter.

Wohl noch im 2. Jahrh. fertigte S. Pompeius Festus (s. § 47) seinen Auszug aus Verrius Flaccus an. — Frühestens gegen Ende desselben lebte Helenius Acro, der Erklärer des Terenz und Horaz und wohl auch des Persius; doch trägt die ihm zugeschriebene Scholiensammlung zu Horaz fälschlich seinen Namen. — Der noch erhaltene Kommentar des Pomponius Porphyrio zu Horaz scheint dem Anfang des 3. Jahrh. anzugehören.

C. Iulius Romanus, ca. 230, aus dessen grammatischem Werke Ἀφορμαί (Elemente) Charisius (s. § 100) große Abschnitte wörtlich entnommen hat.

Censorinus verfaßte zum Geburtstage seines Gönners Q. Caerellius 238 die Schrift De die natali, worin er, besonders aus Varro und Sueton schöpfend, in rhetorischer Sprache den Einfluß der Gestirne auf das menschliche Leben, die Entstehung des Menschen, die Lebensalter und die verschiedenen Arten der Zeiteinteilung erörtert und wertvolle historische und chronologische Notizen gibt. — Auch das als Anhang dieses Buches überlieferte, am Anfang verstümmelte Schriftchen eines Unbekannten (gewöhnlich Fragmentum Censorini genannt) über das Universum, Rhythmik und Metrik gibt über die beiden letzten Fächer wertvolle Nachrichten.

Marius Plotius Sacerdos, gegen Ende des 3. Jahrh. in Rom tätig, schrieb 3 grammatische Bücher, von denen das dritte die Metrik behandelt.

Nonius Marcellus, um 300, aus Tubursicum in Numidien, hat ein lexikalisches Werk Compendiosa doctrina ad filium verfaßt, in ursprünglich 20 Kapiteln (XVI ist verloren, das Ganze überhaupt stark entstellt), halb grammatisches Lexikon (Kap. II—IV per litteras = alphabetisch), halb Onomastikon aus Gellius und älteren Sammelwerken, aber auch mit Benutzung eigener Exzerpte ohne viel Sorgfalt und Urteil mechanisch zusammengeschrieben und voll grober Mißverständnisse (*stupor Nonii!*), aber immerhin schätzbar wegen der zahlreichen, besonders grammatischen und antiquarischen Zitate aus der älteren römischen Literatur.

§ 90. Die Rechtswissenschaft, die unter den Kaisern zu immer größerer Bedeutung gelangte, weist eine Reihe glänzender Namen auf, und ihre Schöpfungen sind zum Teil noch bis auf den heutigen Tag in Geltung geblieben.

So veranstaltete unter Hadrian der Sabinianer (s § 63) Salvius Iulianus aus Hadrumetum in Afrika die erste wissenschaftliche Gesetzsammlung, indem er in seinem Edictum perpetuum die Edikte der Prätoren aus der Zeit der Republik geordnet zusammenstellte. Seine Digesta in 90 B., eine umfassende Darstellung des gesamten Rechts, übten auf Titel und Plan des Justinianischen Werkes Einfluß.

Sein jüngerer Zeitgenosse, der fruchtbare S. Pomponius, schrieb u. a. ein Enchiridon (Abriß) der Geschichte des römischen Rechts bis auf Julian, das im Auszug in die Digesten aufgenommen ist.

Von L. Volusius Maecianus, gest. 175, dem Lehrer des M. Aurelius in der Jurisprudenz, ist erhalten ein für seinen Schüler verfaßtes juristisch-metrologisches Hilfsbuch über die Einteilung des As, des Geldes, der Gewichte und der Hohlmaße (mutmaßlicher Titel: Distributio assis, item vocabula ac notae partium in rebus, quae constant pondere, numero, mensura).

Am bedeutendsten aber sind: Gaius, aus Asien, Zeitgenosse des Antoninus Pius, Verfasser der ca. 161 herausgegebenen hochberühmten Institutiones in 4 B., entstanden wohl aus mündlichen Vorträgen und zur Einführung in die Rechtswissenschaft bestimmt, in populärer und faßlicher, aber doch gründlicher und scharfer Darstellung. Das Werk bildete eine Hauptquelle für die Institutionen des Justinian in Stoff wie Anordnung.

Aemilius Papinianus, Freund des Kaisers Severus und praefectus praetorio, unter Caracalla 212 hingerichtet. Die hervorragenden Schriften dieses großen Juristen, über dessen Bedeutung für die Entwickelung der Jurisprudenz Altertum und Neuzeit einig sind, besonders die 37 B. Quaestiones (Rechtsfragen) und die 19 B. Responsa (Rechtsbescheide), sind in den Gesetzsammlungen Justinians vielfach verwertet worden.

Domitius Ulpianus, aus Tyrus, hauptsächlich unter Caracalla schriftstellerisch tätig, unter Alexander Severus praefectus praetorio und von seinen Soldaten 228 ermordet, war ein ungemein fruchtbarer Schriftsteller, ausgezeichnet durch Klarheit der Darstellung und treffendes Urteil. Seine beiden Hauptwerke, über das prätorische Recht (Ad edictum, 81 B.) und das Zivilrecht (Ad Masurium Sabinum, 51 B.), gaben die Grundlage aus den Pandekten des Justinianischen Corpus, von dem die Auszuge zu seinen Schriften ein Drittel ausmachen. Außer diesen sind nur geringe Reste seiner Institutiones (2 B.) und ein Auszug aus seinem zur Einführung in das Recht dienenden Liber singularis regularum erhalten.

Von Iulius Paulus, einem Zeitgenossen des Papinian und Ulpian, den er noch an Fruchtbarkeit übertraf, und auch praefectus praetorio unter Alexander Severus, sind außer Auszügen aus seinen zahlreichen größeren Werken und Einzelschriften (86 Schriften in 319 B.) in den Pandekten des Justinianischen Corpus, von denen sie etwa ein Sechstel bilden, in verkürzter Form erhalten Sententiae ad filium in 5 B., eine faßliche Zusammenstellung der gewöhnlichsten Rechtsverhältnisse.

§ 91. Geographisches. C. Iulius Solinus verfaßte ca. 250 unter dem Titel Collectanea rerum memorabilium eine Art Erdbeschreibung, in der die Aufzählung der einzelnen Örtlichkeiten als Faden für eine Sammlung von allerlei Merkwurdigkeiten dient. Das aus verschiedenen Quellen, namentlich aber Plinius kompilierte, in gezierter und geschmackloser Darstellung gehaltene Buch wurde im 6. Jahrh. unter dem Titel Polyhistor neu bearbeitet und im Mittelalter viel benutzt.

Aus dem Anfang des 4. Jahrh. rührt die vorliegende Fassung der beiden auf die Zeit des Caracalla in ihrem Grundstock zurückgehenden Itineraria Antonini, offiziellen Handbüchern, von denen das eine (Itinerarium provinciarum) für die Landreise, das andere (Itin. maritimum) für die Seereise die Stationen und Entfernungen gibt. Auch gehört vielleicht schon dieser Zeit an das wahrscheinlich auf Agrippas Karte (s. § 38) zurückgehende Original der Tabula Peutingeriana (so benannt nach dem früheren Besitzer, dem Augsburger Ratsherrn Peutinger), einer Wegekarte für die den Römern bekannte Welt. Wertvoll ist das anonyme Schriftchen Expositio totius mundi et gentium, eine Art Kulturgeographie.

§ 92. Wirtschaftliches. Gargilius Martialis, ca. 250, verfaßte ein großes landwirtschaftliches, sehr gelehrtes, auch die Tierheilkunde umfassendes Werk nach römischen (Columella, Celsus, Plinius d. Ä.) und griechischen (Galenus, Dioskurides) Quellen; Auszüge daraus über das Kurieren der Rinder (De cura boum) und aus dem Abschnitt De hortis über die Kultur von Obstbäumen sowie medizinische Verwendung von Gemüsen und Baumfrüchten (De oleribus und De pomis) sind noch vorhanden.

Fruhestens in das 3. Jahrh. gehören die 10 B. Apicius de arte coquinaria, eine systematische Zusammenstellung von Kochrezepten von einem Caelius. Apicius hat typische Bedeutung nach einem Schlemmer der Zeit des Tiberius.

§ 93. Christliche Schriftsteller. Die ersten christlichen Schriftsteller, noch im Besitz der antiken formalen Bildung, suchen diese zum Teil, wie Minucius Felix und Lactantius, nach Möglichkeit dem neuen Inhalt anzupassen. Eine andere Richtung aber, an ihrer Spitze Tertullian, wendet sich mit Bewußtsein von dem klassischen Altertum ab und erstrebt, das Hauptgewicht auf strenge Orthodoxie legend, die Vernichtung des Heidentums.

Tertullianus, aus Karthago, ca. 160—230, anfangs Jurist, später nach seiner Bekehrung Presbyter in seirer Vaterstadt, ein geist- und phantasiereicher, aber fanatischer Mann, der sich der mystisch-asketischen Richtung des Montanus anschloß, wurde der Begründer einer abendländischen Theologie und machtvoller Neubildner einer lateinischen Kirchensprache. Er verfaßte eine große Anzahl meist polemischer Schriften, von denen noch 30 vorhanden sind, teils gegen die Widersacher des Christentums (besonders Ad nationes und Apologeticum ad romani imperii antistites) und gegen heidnisches Wesen, teils gegen Häretiker, christlich praktischen Inhalts, teils als Vorkämpfer des Montanismus, tief und gedankenreich, aber schwülstig und schwer verständlich.

M. Minucius Felix, ca. 200, wohl Afrikaner, später Advokat in Rom, ist der Verfasser des zierlichen Dialogs Octavius (ca. 250), einer Verteidigung des Christentums, die auf die gebildeten Kreise berechnet ist, eifriges Studium Ciceros und Senecas und kunstvolle Darstellung sowie philosophische Schärfe zeigt.

Cyprianus, aus Afrika, früher Rhetor, seit 248 Bischof von Karthago, ein hochsympathischer praktischer Kirchenmann, 258 Märtyrer, verfaßte apologetische und paränetische Schriften, ferner kirchengeschichtlich wichtige Briefe (81 erhalten, darunter auch viele an ihn gerichtete) in klarer, korrekterer Darstellung als der sonst von ihm bewunderte Tertullian. In Ad Donatum eine meisterhafte Schilderung des Sittenverfalls. — Einige pseudocyprianische Schriften, wie De spectaculis und De bono pudicitiae, sind dem Theologen und eleganten Stilisten Novatianus zuzuweisen. — Im 5. Jahrh. hat ein andrer Cyprian biblische Schriften (sogen. Heptateuch) versifiziert.

Arnobius, Rhetor zu Sicca in Numidien, schrieb ca. 300 zur Beglaubigung seines Übertrittes zu dem fruher von ihm bekämpften Christentum Adversus nationes in 7 B., eine pamphletistische und oberflächliche Rechtfertigung des Christentums ohne Sinn für philosophische Theologie, die aber für die Kenntnis der Kulte nicht unwichtig ist, zumal er ohne Namennennung mehrfach die sakralen Schriften des nationalen Religionsphilosophen Cornelius Labeo bekämpft.

Firmianus Lactantius, aus Afrika, Schüler des Arnobius, Lehrer der Rhetorik zu Nikomedia in Bithynien, im hohen Alter um 317 in Gallien Lehrer des Crispus, des Sohnes Constantins, verfaßte mehr als theologischer Belletrist zahlreiche Lehrschriften, von denen ein Teil erhalten ist, darunter das Hauptwerk Divinae institutiones in 7 B., eine populäre Apologie des Christentums auf der Basis hellenisch-römischer Ethik fur die Gebildeten von rationalem Standpunkte aus und in glatter Sprache, die er dem Studium des Cicero verdankte, daher er auch der christliche Cicero heißt. Berühmt ist sein Pamphlet De mortibus persecutorum, interessant sein Phönixgedicht.

Entstanden ist in dieser Zeit neben anderen lateinischen Bibelübersetzungen namentlich die sog. Itala, welche vor den übrigen als wortgetreuer und dabei doch verständlicher gerühmt wird. Alle diese Übersetzungen sind allmählich durch die des Hieronymus (s. § 107) verdrängt worden, und nur Bruchstücke, namentlich des Neuen Testamentes, haben sich erhalten, die man gewöhnlich unter dem Namen Itala zusammenfaßt. Zu den ältesten Übersetzungen griechischer Kirchenschriften gehort der erste Clemensbrief und des Irenaeus Schrift gegen die Ketzer (2. Jahrh.).

II. Von Constantin d. Gr. bis zum Untergang des weströmischen Reiches (324—476).

A. Poesie.

§ 94. Avianus, ca. 400, dichtete im elegischen Maße 42 erhaltene äsopische Fabeln, in korrekter, aber gezierter Sprache. Sie gehen auf eine latein. Prosaparaphrase des Babrius zurück und haben später lange als Schulbuch gedient.

Aus derselben Zeit stammt wohl auch das anonyme Gedicht De figuris (sc. λέξεως), eine Art Abriß der Rhetorik in Definitionen und Beispielen (jede Figur in 3 Hexametern), in gesuchter altertümelnder Sprache.

Von Optatianus Porfyrius, ca. 325, besitzen wir unter dem Titel Panegyricus 20 an den Kaiser Constantin d. Gr. gerichtete Gedichte, durch die er sich die Rückberufung aus der Verbannung erwirkte; angehängt sind dieser Sammlung 7 einem Bassus gewidmete Gedichte. Den Mangel an poetischem Gehalt sucht der wunderliche Versmacher durch die künstlichsten Spielereien zu ersetzen.

Avienus, um 390, aus Volsinii in Etrurien, zweimal Prokonsul, ein gelehrter und technisch begabter Dichter, ist der Verfasser einer Übersetzung von Arats $\Phi\alpha\iota\nu\acute{o}\mu\varepsilon\nu\alpha$ mit Erweiterungen und einer Descriptio orbis terrae nach der Periegese des Dionysius in epischem Maße, sowie einer Ora maritima in Senaren, einer Beschreibung der Küsten des Mittelmeeres, des Schwarzen und Kaspischen Meeres nach griechischen Quellen, von der nur ein die Küste vom Atlantischen Ozean bis Massilia behandelndes größeres Stück des ersten Buches erhalten ist, wichtig als die älteste erhaltene Überlieferung über den Westen Europas.

D. Magnus Ausonius, ca. 310—393, war 30 Jahre Professor der Grammatik und Rhetorik in seiner Geburtsstadt Burdigala, dann von Valentian als Erzieher des späteren Kaisers Gratianus (375—383) nach Trier berufen und wenigstens Namenchrist. Er bekleidete unter seinem früheren Zöglinge verschiedene hervorragende politische Stellungen, war auch Konsul 379; die von ihm fur Erteilung dieser Würde gehaltene Gratiarum actio, voll rhetorischen Schmuckes, ist noch vorhanden. Außerdem sind in verschiedenen Sammelausgaben erhalten: gegen 120 Epigramme, ehrende Nachrufe (an Verwandte: Parentalia; an Fachgenossen: Commemoratio professorum Burdigalensium), 25 Briefe, meist in Versen (darunter packende Mahnungen des Weltmanns an seinen fruheren, zum Asketen gewordenen Schüler Paulinus), besonders aber 20 von den Neueren unter dem Titel Idyllia zusammengestellte Gedichte in heroischem oder elegischem Maße, unter denen VII (an das bei einem Heereszuge als Beute ihm zugefallene Schwabenmädchen Bissula) und namentlich X (Mosella, die farbenreiche Schilderung einer Fahrt auf Rhein und Mosel von Bingen bis Trier) leidliche Leistungen sind. — Ausonius war keine rechte Dichternatur und arbeitete flüchtig; aber seine Darstellung ist vielfach anmutig, die Behandlung der metrischen Form gewandt.

Claudius Claudianus aus Alexandria, wahrscheinlich auch Christ, kam um 395 nach Italien, wo er sich die Gunst des mächtigen Vandalen Stilicho erwarb, wichtige Ämter bekleidete und von den Kaisern Arcadius und Honorius auf Antrag des Senats mit einem Standbilde auf dem Trajansforum in Rom geehrt wurde, dessen noch erhaltene Inschrift ihm $Βιργιλίοιο\ νόον\ καὶ\ μοῦσαν\ Ὁμήρου$ zuerkennt. Über das Jahr 404 hinaus fehlen weitere Nachrichten uber ihn. Er ist recht eigentlich der letzte römische Dichter. Seine zahlreichen Dichtungen zeigen eine vielseitige, originelle Begabung; sie beruhen auf verständnisvollem Studium des Ovid und zeichnen sich aus durch geschickte Komposition, lebhafte Phantasie, die besonders in den glänzenden Schilderungen hervortritt, und frische, kräftige Darstellung; allerdings aber können sie den abgelebten Zug ihrer Zeit nicht verleugnen in der rhetorisch gesuchten und aufgebauschten Sprache und in der Schmeichelei gegen mächtige Gönner, besonders den Minister Stilicho. Außer vielen anderen haben wir von ihm namentlich auch solche Gedichte, die zur Geschichte seiner Zeit in Beziehung stehen und für diese reichen Stoff bieten; freilich sind sie keine reine Quelle, da die Schilderungen von Personen und Ereignissen, abgesehen von der poetischen, bis zur Übertreibung gesteigerten Ausschmückung, durch höfische Rücksichten beeinflußt sind. So verspottet er (in je 2 B.) die oströmischen Minister Rufinus und dessen Nachfolger Eutropius; das 3., 4. und 6. Konsulat des Kaisers Honorius feiert er durch Panegyrici, dessen Vermählung mit Maria durch ein Epithalamium sowie durch Fescennina (s. § 2), einen Sieg über einen Maurenfürsten Gildo in dem (unvollendeten) Bellum Gildonicum; besonders aber verherrlicht er seinen Freund Stilicho durch 3 B. De consulatu Stilichonis und durch das Bellum Pollentinum (oder Gothicum; wegen des Sieges über Alarich 403) sowie durch ein (unvollständiges) Lobgedicht auf seine Gemahlin Serena. Mythologische Stoffe behandelte er in den glänzende Schilderungen bietenden 3 B. De raptu Proserpinae sowie in seiner (großenteils verlorenen) Gigantomachia.

Von Symphosius, ca. 400, haben wir eine Sammlung von 100 Rätseln in je 3 Hexametern in reiner Sprache und Verstechnik.

Rutilius Namatianus aus Gallien besang seine 416 gemachte Seereise von Rom (*regina pulcherrima mundi*), wo er hohe Ämter bekleidet hatte, in die von den Goten verwüstete Heimat (De reditu suo 2 B. in elegischem Maß, zu Anfang und Ende verstummelt) in reiner, eleganter Form, mit kulturgeschichtlich wichtigen Abschweifungen. Das Büchlein des liebenswerten Mannes ist anziehend durch die bewegliche Schilderung des Unglücks der Zeit.

Von Flavius Merobaudes, aus Spanien, ca. 440, ausgezeichnet als Rhetor und Krieger, besitzen wir außer einer Laus Christi Fragmente von 5 historischen Gedichten, das längste von einem Panegyricus auf Aëtius, in korrekter und gewählter Darstellung, aber nüchtern und rhetorisch übertreibend.

Sidonius Apollinaris, ca. 430—480, aus Lyon, praef. urbi 468, überhaupt vielfach politisch tätig, auch später noch als Bischof von Clermont seit c. 470, ein gutmütiger, aber auch eitler Mann, ahmte in seinen Gedichten, deren noch 24 vorhanden sind, darunter drei panegyrische an die Kaiser Avitus, seinen Schwiegervater, Maiorianus und Anthemius, hauptsächlich dem Statius nach: sie sind in verschiedenen Maßen geschrieben, voller Rhetorik und Nichtigkeit. Denselben Charakter tragen die aus seinen späteren Jahren stammenden 9 B. Briefe, die den Mustern des Plinius und Symmachus nachgebildet sind, und denen auch Gedichte (meist für bestimmte Anlässe) eingestreut sind. — Über Dracontius s. § 106.

Von Maximianus, aus Etrurien, ca. 550, besitzen wir 6 Elegien, in Nachahmung klassischer Muster, aber lebendig und naturwahr eigene Empfindungen schildernd.

Luxorius suchte im Anfang des 6. Jahrh. unter der Vandalenherrschaft in Afrika dem Martial in Scherzgedichten nachzueifern; von ihm sind noch 88 Gedichte in verschiedenen Maßen vorhanden in einer, wie man vermutet, von ihm selbst um 534 veranstalteten Sammlung von etwa 380 meist kleineren Gedichten, welche den Grundstock der Anthologia latina bilden.

Corippus, aus Afrika, ein Grammatiker, später Hofbeamter in Konstantinopel, verfaßte 2 historische Epen: Iohannis oder de bellis libycis in 8 B., chronikartige Schilderung des Maurenkrieges des Patricius Iohannes 549 in fast 5000 Hexametern, wertvoll für Geschichte und Ortskunde von Nordafrika, und In laudem Iustini Minoris (565ff.) in 4 B., im Tone byzantinischer Lobhudelei, aber in fließender Form.

Venantius Fortunatus, geb. nach 530 bei Treviso, zog nach rhetorisch-juristischer Ausbildung in Ravenna nach Gallien, wo er um 600 in Poitiers als Presbyter starb. Er ist der älteste mittelalterliche Dichter Frankreichs. Außer einem Epos auf den heiligen Martin u. a. besitzen wir von ihm Miscellanea in 11 B., ca. 300 Gelegenheitsgedichte vermischten Inhalts, meist in elegischem Maß, nicht ohne Formgeschick und Humor und von großem Wert für die fränkische Zeitgeschichte, darunter Schilderung einer Moselreise, das Seitenstück von Ausonius' Mosella.

B. Prosa.

§ 95. Eine wichtige Geschichtsquelle ist der sogenannte Chronograph vom Jahre 354, ein historisches Handbuch für die Stadt Rom, welches u. a. die zuverlässigsten und vollständigsten aller handschriftlich erhaltenen Konsularfasten vom Beginn des Konsulats bis 354 n. Chr. enthält.

S. Aurelius Victor, aus Afrika, unter Julian 361 Statthalter von Pannonia secunda und 389 Stadtpräfekt von Rom, verfaßte 360 nach guten Quellen mit stark ausgeprägter Individualität einen Abriß der römischen Kaisergeschichte von Augustus bis Constantius unter dem Titel Historiae abbreviatae ab Augusto Octaviano i. e. a fine T. Livi usque ad consulatum X Constantii Aug. et Iuliani Caesaris III, gewöhnlich kurz Caesares genannt. Als Auszug aus den Schriften des Victor bezeichnet die Überlieferung fälschlich den Libellus de vita et moribus imperatorum, gewöhnlich Epitome de Caesaribus betitelt, welcher die Kaiser von Augustus bis Theodosius d. G. (395) meist nach anderen Quellen behandelt. Victors Kaisergeschichte hat man in später Zeit, um ein vollständiges Corpus der römischen Geschichte zu gewinnen, vorgesetzt die Origo gentis Romanae, eine Urgeschichte Roms von Saturnus bis auf Romulus, ein geschmackloses Machwerk zweifelhaften Ursprungs, und das manche wertvolle Nachrichten bietende epitomatische Schriftchen de viris illustribus urbis Romae, welches mit Benutzung einer älteren Quelle die römische Geschichte von dem Albanerkönig Procas bis M. Antonius in biographischer Form behandelt.

Eutropius, der unter Julian 363 den Partherkrieg mitmachte, unter Valens (364—378) das hohe Hofamt eines magister memoriae bekleidete und Asien als Prokonsul verwaltete, verfaßte in dessen Auftrag das Breviarium ab urbe condita in 10 B., eine knappe Übersicht der römischen Geschichte bis zum Regierungsantritt des Valens 364. Das Werkchen ist geschickt angelegt und zeugt von gesundem Urteil; es wurde bis ins Mittelalter hinein viel benutzt und wiederholt auch ins Griechische übersetzt, so schon um 380 von Paianios.

Einen ähnlichen, aber viel dürftigeren Abriß (Breviarium), aus wesentlich denselben Quellen geschöpft, verfaßte ebenfalls im Auftrage des Valens, unter dem er auch magister memoriae und Prokonsul von Asien war, um 371 Rufius Festus, unter besonderer Hervorhebung der römischen Kriege mit dem Orient.

Wahrscheinlich aus dem Ende des 4. Jahrhunderts

stammt auch des Iulius Obsequens lückenhaft erhaltener Prodigiorum liber, ein Exzerpt aus Livius (s. § 45).

Ammianus Marcellinus, ein Grieche aus Antiochia, ca. 330—400, ein erfahrener Krieger, der im Orient und in Gallien, dann unter Julian gegen die Alemannen und gegen die Perser focht, schrieb gegen Ende seines Lebens in Rom ca. 390 eine Fortsetzung des Tacitus in 31 B. unter dem Titel Res gestae, worin er die Zeit von Nerva bis zum Tode des Valens (96—378) behandelte. Davon sind erhalten B. XIV—XXXI, umfassend die Zeitgeschichte der Jahre 353—378, größtenteils annalistisch angelegt und reich namentlich an geographischen Exkursen. — Ammian ist kein Mann der Feder; unbeholfen, schnörkelhaft und überladen im Ausdruck, aber eine soldatisch ehrliche und aufrichtige Natur; er veranschaulicht strategische Operationen, versteht psychologische Analyse und verschweigt die Wahrheit nicht. Er betrauert den Verfall des alten Römertums und ist Anhänger des Heidentums bis zum Aberglauben, verlangt aber trotzdem Toleranz auch fur die Christen. So ist er der bedeutendste unter den Historikern seit Tacitus, sein Buch die Hauptquelle für die Geschichte seiner Zeit.

Mit Ammian sind gewöhnlich verbunden die Excerpta Valesiana (benannt nach dem ersten Herausgeber Valesius 1636), Auszüge aus zwei Werken, von denen der eine, die Origo Constantini imperatoris, wertvolle Nachrichten über die Zeit Constantins gibt, der andere die Zeit Theoderichs behandelt.

Cassiodorus Senator, ca. 485—580, der im Ostgotenreich besonders unter Theoderich d. Gr. die höchsten Ehren bekleidete, 540 sich in das auf seinem Grundbesitz gestiftete Kloster Vivarium bei Squillace zurückzog und dort sich theologischen und grammatischen Arbeiten widmete, hatte früher historische Werke verfaßt: eine aus älteren Quellen zusammengestellte Chronik von der Schöpfung der Welt bis 519 n. Chr., von Bedeutung nur durch die Konsularfasten, ferner eine Historia Gothorum in 12 B., von der ein dürftiger Auszug mit einer Fortsetzung bis Vitigis († 540) von dem Goten Iordanis (De origine actibusque Getarum, herausgegeben 551) in roher Sprache erhalten ist, endlich 12 B. Variae, eine für die Zeitgeschichte wichtige Sammlung der während seiner Kanzlerschaft von ihm verfaßten amtlichen Schriftstücke. Aus seiner Klosterzeit stammen namentlich die Institutiones divinarum et humanarum litterarum, eine für seine Mönche bestimmte, im Mittelalter häufig gebrauchte Enzyklopädie, eine Einführung in das theologische Studium, zugleich ein Abriß der sieben freien Künste. De orthographia war seine Anleitung für Mönche zum Abschreiben von Schriftstellertexten. Er sah in der Klostergründung des Benedictus von Nursia auf Montecassino (529) sein Vorbild, fügte aber, um die idealen Güter der Vorzeit zu retten, der Benediktinerregel das wissenschaftliche Element hinzu, was vorbildlich geworden ist.

§ 96. Statistisch-Geographisches. Aus der Zeit ca. 410 stammt der offizielle Hof- und Staatskalender für das ost- und weströmische Reich (Notitia dignitatum omnium tam civilium quam militarium in partibus orientis et occidentis).

Von zwei erhaltenen Verzeichnissen der XIV Regionen der Stadt Rom geht das eine, die Notitia, auf das Jahr 334 zurück, das andere, das Curiosum urbis, ist wohl 357 geschrieben.

Wegeverzeichnisse aus dieser Zeit sind: das Itinerarium Hierosolymitanum (oder Burdigalense), 333 von einem Christen zusammengestellt, Übersicht einer Pilgerfahrt von Bordeaux nach Jerusalem und zurück über Rom nach Mailand; ferner das Itinerarium Alexandri, ein aus griechischen Quellen, besonders Arrian, geschöpfter Abriß des Zuges von Alexander d. Gr. gegen die Perser, für Constantius' Perserfeldzug bestimmt. Der Wallfahrtsbericht einer Äbtissin Aetheria, Peregrinatio ad loca sancta (6. Jahrh.), sowie andre Pilgerschriften (Antoninus von Placentia) sind nicht ohne Wert für die Entwickelungsgeschichte der Sprache.

§ 97. Roman. Aus dem Griechischen übersetzte L. Septimius im 4. Jahrh. die Ephemeris belli Troiani in 6 Büchern. Angeblich war dies fingierte Tagebuch von dem Kreter Diktys, dem Gefährten des Idomeneus, verfaßt, im phönizischen Original in seinem Grabe unter Nero gefunden und auf dessen Befehl ins Griechische übertragen. Die Schrift hat einen romanhaften Charakter mit Veränderungen der Ereignisse der Ilias und erdichteten Zusätzen.

Ein würdiges Seitenstück ist die angeblich von Cornelius Nepos aus dem von ihm in Athen entdeckten griechischen Original übersetzte Historia de excidio Troiae des Phrygers Dares, in der Ilias ein Mitkämpfer des Hektor. Die dem 5./6. Jahrhundert angehörige abenteuerliche Erzählung wurde neben Diktys die Hauptquelle für die mittelalterlichen Rittergeschichten vom Trojanischen Kriege.

Wahrscheinlich aus dem 5. Jahrh. stammt die abenteuerliche Historia Apollonii regis Tyri, die christianisierende Bearbeitung eines älteren Romans. Die Erzählung wurde im Mittelalter viel gelesen und oft übersetzt und bearbeitet; Shakespeare hat den Stoff für sein Drama Pericles Prince of Tyre verwertet.

§ 98. Tätig auf verschiedenen Gebieten des Wissens war Boëthius, ca. 480 aus vornehmer Familie in Rom geboren, bei Theoderich zuerst sehr angesehen und mit hohen Ämtern betraut (u. a. Konsul 510), später des Hochverrats verdächtigt und 524 ungehört hingerichtet. — Erhalten von ihm sind ein Kommentar zu Ciceros Topica, Schriften u. a. über Musik (De institutione musica in 5 B., wichtig für die Kenntnis des Mittelalters von antiker Musik) und Arithmetik (De institutione arithmetica, 2 B.), namentlich aber eine Übersetzung und Erklärung von Aristoteles' Organon, durch die er großen Einfluß auf die mittelalterliche Scholastik ausgeübt hat. Am berühmtesten geworden ist die von ihm im Gefängnis verfaßte Philosophiae consolatio in 5 B., später ein Stilmuster für Schule wie Wissenschaft. Seine Trostgründe schöpft er, obgleich Christ, nicht aus der Bibel, sondern aus Aristoteles und Neuplatonikern. Die Darstellung ist dialogisch und mischt nach Art der satira menippea oft Poetisches (in den verschiedensten Maßen) in die prosaischen Ausführungen; die Sprache ist nüchtern und gewandt, wenn auch teilweise rhetorisch geziert oder durch Barbarismen entstellt.

§ 99. Rhetorik und Beredsamkeit. Ein dürres Kompendium ist die Schrift des **Aquila Romanus** De figuris sententiarum et elocutionis nach griechischem Vorbild; Ergänzungen dazu gibt **Julius Rufinianus** in seinem Handbüchlein über die Satzfiguren; von **Arusianus Messius** hat sich eine Sammlung grammatischer Konstruktionen, von **Chirius Fortunatianus** ein rhetorischer Katechismus erhalten; die dürftigen Lehrbücher des **Sulpitius Victor** und **Julius Victor** fallen auch in diese Zeit. — Über die hierher gehörigen Redner in der Sammlung der Panegyrici latini s. § 88, uber Ausonius § 94.

Q. Aurelius Symmachus, ca. 345—405, aus vornehmem Geschlecht, 384 praefectus urbi, 391 Konsul, ein ehrenwerter, humaner Charakter, der trotz seines unerschrockenen Eintretens fur das untergehende Heidentum doch von seinen christlichen Gegnern wegen der Reinheit seines Lebens und seiner Gelehrsamkeit geachtet wurde. Sein Ruhm beruhte besonders auf den Reden, von denen nur 8 und nicht einmal vollständig erhalten sind, 3 jugendlich schwülstige Lobreden auf Valentinian I. und Gratian und 5 Senatsreden aus reiferen Jahren. Außerdem besitzen wir von ihm 10 B. Briefe, gesammelt von seinem Sohne, meist persönliche und Familienangelegenheiten betreffend, wortreich, aber inhaltsleer, und die wertvollen 49 Relationes, Berichte an die Kaiser während der Stadtpräfektur, darunter interessant das Gesuch um Wiederherstellung des Victoriaaltars im Sitzungssale des Senats, das eine Gegenschrift des Ambrosius veranlaßte. — Auf nationalem Boden standen auch die den Symmachi verwandten **Nicomachi**. Ein Virius Nicomachus war unter Theodosius Staatsmann und Historiker; seine Nachkommen beschäftigten sich mit der Revision des Liviustextes.

Ennodius, ca. 473—521, aus Gallien, Bischof von Pavia, galt seinen Zeitgenossen als bedeutender Stilist, daher man sich Reden, Predigten und Briefe von ihm abfassen ließ. Außer einem überaus schwulstigen, aber als Geschichtsquelle wichtigen Panegyricus auf Theoderich d. Gr. (um 507 verfaßt) besitzen wir von ihm u. a. 28 Dictiones, teils Gelegenheitsreden, teils Schulreden, 297 ziemlich inhaltslose Briefe und 2 Bücher weltlicher und geistlicher Gedichte.

§ 100. Grammatik. C. Marius Victorinus, aus Afrika, Grammatiker und Rhetor, lehrte ca. 350 in Rom mit so großem Erfolge, daß er mit einer Statue ausgezeichnet wurde, und trat noch in späteren Jahren zum Christentum über, in dessen Dienst er auch schriftstellerisch wirkte. Außer verschiedenen Schriften dieser Art (z. B. gegen den Arianismus) besitzen wir von ihm eine philosophische De definitionibus, einen wertlosen Kommentar zu Ciceros De inventione und eine wichtige Ars grammatica in 4 B., in der er die Metrik des Aelius Festus Aphthonius veröffentlicht, der Terentianus Maurus (s. § 82) und Jubas Ars metrica benutzt hat. Als Übersetzer Platons hat er Augustin beeinflußt. Ein metrisches Handbuch ist noch von einem sonst unbekannten Atilius Fortunatianus vorhanden, dessen Quellen Caesius Bassus und Juba sind.

Von Aelius Donatus, der ebenfalls ca. 350 in Rom als Grammatiker und Rhetor lehrte, besitzen wir einen trotz seiner Entstellung wertvollen Kommentar zu Terenz (Asper benutzt) mit Vita und Einleitung in die Komödie (Sueton), von einem Virgilkommentar die Einleitung mit einer auch auf Sueton beruhenden wertvollen Vita Vergili (der vorhandene rhetorische Äneiskommentar selbst stammt von Tib. Claudius Donatus, ca. 400) und ein Lehrbuch (Ars) der Grammatik in 3 B., das in der Folgezeit vielfach Erklärer gefunden hat. Eine kurze Bearbeitung desselben diente während und nach dem Mittelalter lange als Hauptlehrbuch beim Elementarunterricht („Donatschnitzer").

Ziemlich derselben Zeit gehören an Charisius, dessen Ars grammatica (5 B.) nur verstümmelt erhalten, und Diomedes, dessen Ars grammatica (3 B.) systematischer angelegt, im übrigen aber mit jener oft gleichlautend ist: beide haben dieselben Quellen ausgeschrieben, besonders Remmius Palaemon und Caper, außerdem aber Charisius namentlich aus Iulius Romanus, Diomedes aus Terentius Scaurus geschöpft. Literaturgeschichtlich wertvoll ist Diomedes' 3. Buch, wo er hauptsächlich wohl aus Sueton wertvolle Nachrichten gibt.

Servius, ca. 390 Lehrer der Rhetorik und Grammatik in Rom, verfaßte außer einem Kommentar zur Ars des Donatus und kleineren grammatischen Schriften namentlich einen ausfuhrlichen grammatischen Kommentar zu Virgil. Außer diesem ursprünglichen Kommentar besitzen wir noch eine Bearbeitung desselben von einem Unbekannten mit zahlreichen wertvollen Zusätzen, besonders über altrömisches Religionswesen, griechische und italische Mythologie aus guten Quellen.

Die sogen. Excerpta Bobiensia stimmen oft mit einer bilinguen Grammatik des Dositheus, einem Lehrbuch für Griechen. Auch die wertvollen Pseudodositheanischen Fragmente (Glossographisches, Gespräche u. dgl.) dienten Schulzwecken.

Macrobius, ca. 400, ein Mann von hohem Rang, nach eigener Angabe kein Römer und wahrscheinlich Heide, schrieb einen Kommentar zu Ciceros Somnium Scipionis und die für seinen Sohn Eustachius als scientiae supellex bestimmten Saturnalia in 7 (nicht ganz vollständig erhaltenen) Büchern, worin unter der Form von Tischgesprächen an den Saturnalien allerhand historische, mythologische, literarische und antiquarische Fragen, vorzugsweise im Anschluß an Virgil, erörtert werden. Zwar nur eine Kompilation aus Gellius, Sueton, Seneca, Plutarch u. a., bietet das Werk eine Fülle wertvoller Nachrichten.

Martianus Capella, ca. 425, aus Madaura, ein heidnischer Sachwalter in Karthago, ist der Verfasser einer De nuptiis Philologiae et Mercurii betitelten Enzyklopädie von 9 B. in der allegorischen Einkleidung, daß bei der Hochzeit des Merkur mit der Philologie (I. II) die 7 freien Künste auftreten und in je einem Buche ihre Weisheit auspacken (III—IX). Als Quelle dient hauptsächlich Varro, und nach dessen Muster in den satirae menippeae geht diese Darstellung oft auch in die poetische Form über. Das Ganze ist „von zuchtloser Phantastik und dürrer Schulgelehrsamkeit"; trotzdem aber wurde das Werk im ältesten Mittelalter lange als Schulbuch benutzt.

Priscianus aus Caesarea in Mauretanien, ca. 500, der hauptsächlich in Konstantinopel wirkte, verfaßte außer kleineren Schriften (darunter auch ein Loblied auf den Kaiser Anastasius und eine Übersetzung der Erdbeschreibung des Periegeten Dionysius in Hexametern) Institutiones grammaticae in 18 B., das umfassendste Lehrgebäude der lateinischen Sprache, das wir aus dem Altertum besitzen, wertvoll durch die Fülle von Überlieferungen aus der alten Literatur. Es stand während des Mittelalters im höchsten Ansehen, und aus ihm ist die jetzt noch gebräuchliche grammatische Terminologie entnommen. Im übrigen ist Priscian wenig präzis und selbständig. Er verarbeitete die Syntax des großen griechischen Grammatikers Apollonios Dyskolos (ca. 150) und die Formenlehre seines Sohnes Herodian (ca. 170).

§ 101. Kriegswesen. Von Vegetius, ca. 400, besitzen wir eine Epitoma rei militaris in 4 B. (I Aushebung und Einübung der Rekruten; II Disziplin; III Taktik und Strategie; IV Belagerungskrieg nebst Seekrieg), eine wenig kritische und zuverlässige Kompilation über das römische Kriegswesen, hauptsächlich aus den Schriften des Cato, Celsus und Frontin, aber bei dem Verlust ähnlicher Werke nicht ohne Wert.

In derselben Zeit bearbeitete ein Vegetius, der wohl mit jenem identisch ist, in seiner Ars veterinaria die etwas ältere, auf griechischer Quelle beruhende sogen. mulomedicina Monacensis in gewandter Sprache; zugleich kennt er des Pelagonius noch vorhandene Rezeptsammlung für kranke Pferde in Brieform.

§ 102. Rechtswissenschaft. Seitdem in der Mitte des 3. Jahrhunderts die eigentliche Produktion auf diesem Gebiet erloschen war, beschränkte sich die literarische Tätigkeit auf das Sammeln der Rechtsquellen, besonders der kaiserlichen Verordnungen (Constitutiones principum). Solche Sammlungen sind der um 300 entstandene **Codex Gregorianus** und dessen Ergänzung, der **Codex Hermogenianus**, aus der Mitte des 4. Jahrhunderts (beide nur noch auszugsweise in den späteren Sammlungen erhalten), die etwas späteren sogen. **Fragmenta vaticana** und der **Codex Theodosianus** in 16 B., 438 nach neunjähriger Vorbereitung unter Theodosius II. vollendet. Unter Justinian I. (527—565) wurde die letzte und vollständigste römische Gesetzsammlung durch einen Ausschuß von Juristen unter dem Vorsitz des ersten Rechtsgelehrten seiner Zeit, des **Tribonianus**, vorgenommen, und so entstanden: 1) **Codex Justinianus**, in 12 B. das Kaiserrecht (Ius principale), die Verordnungen (**Constitutiones**) der Kaiser von Hadrian an enthaltend (die erste Ausgabe von 529 ist durch die zweite von 534 völlig verdrängt worden); 2) **Institutiones** in 4 B., von 533, ein juristisches Lehrbuch, hauptsächlich nach Gajus; 3) **Digesta** s. **Pandectae** in 50 B., ebenfalls von 533, das Juristenrecht (Ius vetus), Auszüge aus den Schriften der bedeutendsten Juristen; 4) **Novellae** (sc. constitutiones, *Νεαραί sc. διατάξεις*), nachträgliche Verordnungen bis ca. 600, nur in Privatsammlungen verschiedenen Inhalts erhalten, meist in griechischer Sprache. Dies großartige und unsterbliche Werk (**Corpus iuris civilis Iustiniani**) wahrte die Rechtseinheit im Römerreiche; es wurde die Grundlage der späteren Rechtsentwickelung und überlebte somit bei weitem alle übrigen Zweige der römischen Literatur.

§ 103. Philosophie. **Firmicus Maternus**, aus Syrakus, ursprünglich Anwalt, gab als Heide um 336 in den 8 B. **Matheseos** eine Darstellung der Astrologie. Nach seinem Übertritt zum Christentum verfaßte er 345 bis 347 eine fanatische Aufforderung an Constantius und Constans zur Vernichtung des Heidentums (**De errore pro-**

fanarum religionum). In dieselbe Zeit fällt etwa die unvollständige Übersetzung von Platons Timaeus mit Kommentar von dem Diakon Chalcidius, lange Zeit einzige Quelle für die Kenntnis Platons.

§ 104. Landwirtschaft. Palladius, ca. 330, gab in seinem Opus agriculturae in 14 B. nach einem Überblick über das Gebiet (I) eine nach Monaten (II—XIII) geordnete Aufzählung der Arbeiten des Landmanns; B. XIV (de insitione) ist nach dem Vorgange des Columella (s. § 65) in poetischer Form, aber in elegischem Maße abgefaßt. Palladius schreibt mit Benutzung älterer Quellen (Gargilius Martialis), aber wohl auch aus Erfahrungen der eigenen Praxis, und deshalb sowie wegen der brauchbaren Anordnung des Stoffs wurde sein Buch viel benutzt. Im übrigen verzichtet er selbst auf Kunst der Darstellung.

§ 105. Die medizinischen Schriften aus dieser Zeit sind meist Kompilationen oder Übersetzungen von älteren Werken. So ist das Breviarium eines Unbekannten um 330 in 3 B. (= medicina Plinii) ein Auszug aus Plinius' Naturgeschichte; so schrieb Marcellus (Empiricus) aus Gallien, ca. 410, in seinem für Laien verfaßten Büchlein De medicamentis den Scribonius Largus und die medicina Plinii aus; Theodorus Priscianus (um 400) gab in den 3 B. Euporista (Hausmittel) eine Übersetzung einer von ihm nach Pseudo-Galen $\pi\varepsilon\rho\grave{\iota}$ $\varepsilon\vec{\upsilon}\pi o\rho\acute{\iota}\sigma\tau\omega\nu$ verfaßten (verlorenen) Schrift; Caelius Aurelianus, ca. 420, aus Sicca in Numidien, lieferte in seinen Medicinales responsiones einen teilweise erhaltenen katechetischen Abriß der Arzneikunde und in seinen 3 B. Celerum (s. acutarum) passionum und den 5 B. Tardarum (s. chronicorum) passionum Übersetzungen nach dem pathologisch-therapeutischen Werk des Methodikers Soranos (ca. 120 n. Chr.). Über Vegetius s. § 101.

C. Christlich-theologische Schriftsteller.

A. Poesie.

§ 106. Von Commodianus, dem ältesten lateinischen christlichen Dichter, ca. 250 (oder ca. 450?), besitzen wir ein Carmen apologeticum (adversus Iudaeos et gentes) und Instructiones, 80 akrostichische Gedichte in 2 Buchern, vorzüglich von Weltende, Antichrist, Bekämpfung des Heidentums u. ä. handelnd. Beide Werke sind in rohen, halb quantitierenden, halb akzentuierenden Hexametern geschrieben. Hexametrisch sind auch die kleinen Gedichte Laudes domini, Sodoma, De Iona, aus späterer Zeit, von unbekannten Verfassern.

Iuvencus, ca. 330, ein spanischer Presbyter, hat die Evangeliengeschichte in 4 B., in virgilischen Hexametern nicht ohne Talent erzählt.

Ambrosius, aus Trier, der energische, auch politisch bedeutende Bischof von Mailand (374—397), der durch seine hinreißenden Predigten der christlichen Beredsamkeit den höchsten Glanz gab, führte in der abendländischen Kirche den rhythmisch-melodischen Wechselchorgesang (cantus Ambrosianus) ein und verfaßte selbst Hymni, in jambischen Dimetern, oft auch gereimt; von den erhaltenen zwölf aber führen 8 seinen Namen mit Unrecht, so auch das *Te deum laudamus* des Bischofs Niceta. — Unter seinen prosaischen Schriften, meist theologischen Inhaltes, sind als geschichtlich wichtig zu erwähnen die 91 Briefe sowie die Leichenreden auf die Kaiser Valentinian II. (392) und Theodosius d. Gr. (395). Jüngere Überlieferung bringt ihn auch mit der lateinischen Bearbeitung von Josephus' Judischem Kriege in Verbindung, die fälschlich einem Hegesippus (Entstellung aus Josephus) zugeschrieben wird.

Für die Märtyrergräber und auch sonst verfaßte Papst Damasus (366—384) Epigramme. — Proba, die Frau eines Stadtpräfekten (351), stellte mit Virgilfloskeln einige biblische Geschichten dar (cento). Polemische Gedichte wurden gegen Marcion, Nicomachus und einen abtrünnigen Senator verbreitet.

Prudentius, 348 — ca. 410, aus Spanien, erst Sachwalter, dann hoher Staatsbeamter, zuletzt Mönch, ist der bedeutendste römisch-christliche Dichter. Unter seinen zahlreichen Dichtungen in gewandter Sprache und in verschiedenen Maßen, die er 405 als Liederbuch zum Lesen herausgab, sind hervorzuheben Περὶ στεφάνων, 14 lyrische Gedichte auf christliche Märtyrer, durch die er Schöpfer der christlichen Legende wurde, ferner Liber Καθημερινῶν (12 Morgen- und Abendgesänge) und von den lehrhaften in epischer Form Hamartigenia (Sündenfall), Psychomachia (Kampf der guten und bösen Gewalten um die Menschenseele), 2 B. Contra Symmachum, gegen dessen Eintreten für das Heidentum gerichtet (s. § 99). Wichtig für die christliche Kunstgeschichte ist das Dittochaeon (doppelter Festschmaus), Epigramme für eine Doppelreihe biblischer Bilder.

Paulinus, 353—431, aus Burdigala, Schüler des Ausonius (s. § 94), trat, nachdem er hohe politische Stellungen eingenommen, zum Christentum über und wurde 409 Bischof von Nola. Er hat (in epischen und lyrischen Maßen) 36 meist religiöse Gedichte hinterlassen, in denen tiefes Gefühl neben rhetorischer Bildung sich zeigt; außerdem 51 prosaische Briefe (an Ausonius, Augustin u. a.).

Sedulius, ca. 450, behandelt in den 5 B. seines Paschale Carmen nach einer kurzen Geschichte des Alten Testaments die Geschichte Christi nach den Evangelien mit besonderer Hervorhebung der Wunder in ziemlich reiner Sprache und leichter, vielfach Virgil nachahmender Darstellung; von demselben Werk gab er dann eine prosaische Fassung (Paschale opus) in geschraubtem und schwülstigem Ausdruck.

Dracontius, gegen Ende des 5. Jahrh., Sachwalter in Karthago, ein begabter und belesener Dichter, wenn auch nicht frei von rhetorischem Schwulst und Ungeschmack. Außer kleineren epischen Gedichten über Stoffe der Mythologie und der rhetorischen Schulübung sowie einer

Elegie (Satisfactio, Reugedicht an den Vandalenkönig Guthamund, 484—496, der ihn gefangen gesetzt hatte, weil er statt seiner einen Feind besungen hatte) besitzen wir von ihm ein größeres christliches Lehrgedicht, Laudes Dei, in 3 B., über die von Gott in der Schöpfung und Erhaltung der Welt geoffenbarte Gnade. Sicher gehört ihm auch die unter dem Titel Orestis tragoedia überlieferte epische Dichtung an.

B. Prosa.

§ 107. Nur historischen Wert hat die sogenannte Collectio Avellana, eine Sammlung von Aktenstücken aus kirchlichen und behördlichen Archiven (367—553).

Hilarius, der erste Dichter christlicher Hymnen, gestorben 367 als Bischof von Poitiers, hat außer Kommentaren zu biblischen Schriften als unbeugsamer Eiferer fur das orthodoxe Bekenntnis Denkschriften an Constantius gegen die Arianer hinterlassen, gegen die u. a. auch seine 12 B. De Fide gerichtet sind, in denen sich philosophische Bildung und Sorgfalt des Ausdrucks zeigt.

Psychologisches Interesse bieten die antiarianischen fanatischen Pamphlete des Bischofs Lucifer. Hoch dramatisch ist eine Altercatio zwischen dem Arianer Germinius und dem gefangenen Heraclianus, in der der Laie Sieger bleibt. Von den Streitschriften der Häretiker (Arianer, Donatisten, Priscillianisten, Pelagianer) ist nur wenig erhalten, während die dogmatisch-polemische Literatur gewaltig anschwillt. — Zahlreich sind auch die Heiligenbiographien und Mönchslegenden, deren Sprache zwischen „stammelnder Unbeholfenheit und gespreiztem Pathos schwankt." Frische Natürlichkeit aber zeigt z. B. das Leben des Abtes Severinus († 482), vom Mönch Eugippius erzählt.

Im sogen. Ambrosiaster, einem Kommentar zu den paulinischen Briefen, liegt eine erste Leistung gesunder historischer Interpretation vor gegenüber der beliebten allegorischen Erklärungsweise, durch die man die Geheimnisse der hl. Schriften zu erschließen suchte. — Den vorhieronymianischen Bibeltext bezeugt gut der Evangelienkodex des Bischofs Eusebius (Vercellae).

Hieronymus, ca. 340—420, aus Stridon in Dalmatien, in Rom und Trier zum Redner und Juristen gebildet, später meist im Orient lebend (so 375—378 in einer Wüste am Euphrat, seit 386 in einem Kloster zu Bethlehem), war ein Mann von umfassender Gelehrsamkeit und unermüdlich bestrebt, die antike Bildung für die christliche Welt fruchtbar zu machen, ein eleganter, aber flüchtiger Vielschreiber, von selbstgefälliger Eitelkeit, gehässig in der Polemik wie friedlos im Leben. Außer der von dem Papst Damasus veranlaßten lateinischen Bibelübersetzung (im Neuen Testament nur Revision der Itala, s. § 93), welche die Grundlage der in der römischen Kirche noch geltenden Vulgata wurde, biblischen Kommentaren, einer Sammlung teilweise umfangreicher Briefe u. a. haben wir von ihm die Chronica, eine erweiternde Übersetzung der Zeittafeln aus der, nur in armenischer Übersetzung noch vorhandenen, griechischen Weltchronik des Eusebius, Bischofs von Caesarea (ca. 265—340), wegen ihrer Ergänzungen aus Sueton auch für die römische Literaturgeschichte wichtig, ferner einen Katalog christlicher Schriftsteller in seinen Viri illustres (392, ebenfalls Sueton nachgebildet, von Gennadius, c. 480, Presbyter von Massilia, bis auf seine Zeit fortgesetzt). Auch machte Hieronymus wie sein Freund und späterer Gegner Rufinus von Aquileja († 411) durch freie Übersetzungen in gutem Stil griechische Kirchenväter (Origines, Eusebius) dem Abendlande bekannt.

Aurelius Augustinus, 354—430, aus Thagaste in Numidien, der bedeutendste und einflußreichste Kirchenvater des Abendlandes, nach einer wild verlebten Jugend Lehrer der Rhetorik in Karthago, Rom und Mailand, wo er unter dem Einfluß seiner frommen Mutter Monica und des Bischofs Ambrosius sich bekehrte, seit 396 Bischof von Hippo regius (Bona), vereinigte in seltenem Maße philosophische, ja sophistische Verstandesschärfe mit reicher Phantasie und inniger Tiefe des Gefühls. Über seine vielseitige literarische Tätigkeit (er zählt selbst 93 Werke in

233 Büchern auf) gibt er eine referierende Übersicht in den 427 erschienene Retractationes. Vorzugsweise hatte dieselbe natürlich kirchlichen Inhalt; doch sind u. a. erhalten von einem in Mailand begonnenen, aber nicht vollendeten enzyklopädischen Werke, für das er wie den Titel so auch wohl den Inhalt von Varros Disciplinae entlehnt hatte, außer rhetorischen und dialektischen Stücken 6 B. De musica in katechetischer Form. Aus den 13 B. Confessiones (Beichte vor Gott) klingt „mit erschütternder Gewalt das ewig Menschliche". Unter den theologischen Werken nehmen die erste Stelle ein die 22 B. De civitate dei, teils polemischen teils dogmatischen Inhalts, wo auch Cicero (besonders De republica) und Varro Quellen sind. Es ist das bedeutendste Werk der alten Kirche über das Gottesreich als Ideal der Sündlosigkeit und noch heute die theologische Grundlage für die Weltherrschaft der Kirche. — Die Schreibweise Augustins ist ungleich: meist wortreich und überladen, nicht selten aber scharf bestimmt, teilweise auch absichtlich der Vulgärsprache, besonders in den in Reimprosa geschriebenen Predigten (Sermones), sich annähernd.

Sulpicius Severus, ca. 365—425, Presbyter in Aquitanien, verfaßte nach guten Quellen, mit historischem Sinne und in schlichter, aber gebildeter Darstellung Chronica in 2 B., einen Abriß der jüdisch-christlichen Geschichte von Adam bis 400 n. Chr., auch eine Biographie des Martinus von Tours in Dialogform.

Paulus Orosius, aus Spanien, Presbyter in Lusitanien, schrieb auf Anregung Augustins hauptsächlich nach Cäsar, Livius, Tacitus, Florus, Eutrop und Hieronymus 7 B. Historiae adversum paganos, eine christliche Weltgeschichte von der Schöpfung bis 417 n. Chr., in ungleicher, schwülstiger Sprache, ohne gründliche Studien, daher reich an Irrtümern und besonders auch an tendenziösen Übertreibungen: er will dem Vorwurfe begegnen, daß die Leiden der Zeit erst durch Vernachlässigung des alten Götterglaubens entstanden seien, und nachweisen, daß die Menschheit von jeher mit Jammer und Elend heimgesucht sei, daß das Christentum vielmehr die sittliche Not der Welt gelindert habe. Historischen Wert hat das Werk nur, wo die benutzten Quellen, insbesondere Livius, uns verloren sind. — Salvianus, ca. 440, Presbyter in Massilia, weist in De gubernatione dei auf die Verkommenheit der römischen Zivilisation und die unverdorbene Kraft der germanischen Sieger.

§ 108. In Italien wurde durch die unablässigen Verwüstungen seit Theoderichs d. Gr. Tode im 6. Jahrh. alles geistige Leben erstickt; auch in den übrigen Teilen des ehemaligen weströmischen Reiches stirbt die alte Kultur immer mehr ab. Allmählich vollzieht sich allerorten der vollständige Sieg der in den verschiedenen Landschaften ausgebildeten Volkssprachen, der Wurzeln der romanischen Sprachen, über die Schriftsprache, die nur noch durch die Gebildeten ein künstliches Dasein gefristet hatte. Pfleger der Literatur sind fast ausschließlich Geistliche. In dem westgotischen Spanien war der fleißige Isidorus, Bischof von Hispalis (Sevilla), † 636, für Erhaltung und Verbreitung der alten Literatur eifrig bemüht. Von seinen zahlreichen Schriften sind das Buch De natura rerum, eine Kosmographie, und besonders die umfänglichen, aber unvollendeten Etymologiae (Origines) in 20 Buchern, zum Teil eine Realenzyklopädie, zum Teil Worterklärungen, oft sehr wunderlicher Art, beides ohne Sachkenntnis und Urteil gemachte Zusammenstellungen von Exzerpten, aber doch wegen freilich oft indirekter Benutzung jetzt verlorener alter Quellen (Sueton, Hygin, Servius) auch für die Wissenschaft von Wert, im Mittelalter weitverbreitete Lehrbücher gewesen, aus denen man die Kenntnis des Altertums schöpfte, bis dieses im 14. Jahrhundert zu neuem Leben erwachte.

Namenverzeichnis.

Accius 18
Acro 128
Acta 4, diurna; senatus 52
Aelius Paetus Catus 29
Aelius Stilo (14) 30
Aemilius Macer 76
Aetheria 140
Aetna 64
Afranius 22
Agrimensores 106
Agrippa 58
Albinovanus Pedo 77
Alexandrinische Richtung 52
Alfenus Varus 51
Ambrosiaster 150
Ambrosius 148
Ammianus Marcellinus 139
Ampelius 123
Annales 5
Annalisten 24. 27
Anthologia Latina 121. 137
Antistius Labeo 84
Antoninus v. Placentia 140
Antonius (Redner) 29
Antonius Gnipho 51
Appius Claudius Caecus 5
Apuleius 124
Aquila Romanus 142
Aratubersetzungen 37. 106. 134
Architektur 85
Arnobius 132
Arusianus Messius 142
Arvale carmen 2
Asianum genus 35
Asconius 39. 103
Asinius Pollio 59
Asper 127
Astrologie 82. 107. 146
Astronomie 37. 107. 134

Ateius Capito 85
Ateius Philologus 46. 51
Atellana 3. 22
Athenaeum 118
Atilius Fortunatianus 143
Atta 22
Atticus 46
Attiker 35. 40
Auctor ad Herennium 29
Aufidius Bassus 89
Augusta historia 123
Augustinus 151.
Augustus 58
Avianus 133
Avienus 134
Aurelius Victor 137
Ausonius 134
Axamenta 2

Balbus 106
Bantina tabula 1
Bellum Africanum, Alexandrinum, Hispaniense 45
Bibaculus 56
Bibelubersetzungen 133. 151
Bibliotheken 34. 58. 59
Blandus 29
Bobiensia scholia 39
Boëthius 141
Briefe 42. 98. 102. 132. 134. 142. 148. 149
Brutus 35
Bucco 4
Bukolische Dichtung 61. 110. 120

Caecilius Epirota 82
Caelius 131
Caelius Aurelianus 147
Caesellius Vindex 127

Caesius Bassus 104
Caesar 35. 43. 54
Calidius 35
Caligula 87
Calpurnius Flaccus 101
Calpurnius Piso 27
Calpurnius Siculus 110
Canticum 8
Caper 127
Capitolinus, Iulius 123
Carmen 2; c. de figuris 133
Cassiodorus 127. 139
Cassius Severus 84
Catalepton 65
Cato 25; dicta Catonis 120
Catullus 54
Catulus 28
Celsus 104
Censorinus 128
Cetius Faventinus 85
Chalcidius 147
Charisius 144
Chirius Fortunatianus 142
Chronograph vom J. 354 137
Christliche Schriftsteller 131. 148
Cicero, M. 35; Q. 43
Cincius Alimentus 25
Cinna 56
Ciris 65
Claudianus 135
Claudius, Kaiser 87
Claudius Quadrigarius 28
Claudius Mamertinus 126
Codex Gregorianus, Hermogenianus, Theodosianus, Iustinianus 146
Coelius Antipater 27
Collectio Avellana 150
Columella 105
Commentarii 4
Commodianus 148
Comoedia 9
Consolatio ad Liviam 76
Contaminatio 11. 14. 21
Copa 65
Cordus 123
Corippus 137
Cornelius Gallus 69

Cornelius Nepos 45
Cornutus 95
Corpus iuris 146
Coruncanius 6
Crassus (Redner) 29
Cremutius Cordus 89
Crepidata 9
Culex 64
Curiatius Maternus 108
Curiosum urbis 140
Curtius Rufus 91
Cyprianus 132

Damasus 148. 151
Dares 141
Declamationes 101
Dictys 141
Didaktische Poesie 19. 53. 61. 73. 75. 105. 120. 134
Diomedes 144
Dirae 55. 64
Dittochaeon 149
Diverbium 8
Domitianus 88
Domitius Marsus 77
Donatus (21) 143
Dositheus 144
Dossennus 4
Dracontius 149
Drama 8. 33. 56. 108

Elegie 69. 136. 150
Elogia 3
Embolium 56
Ennius 15
Ennodius 143
Epigramm 17. 54. 115. 134. 137
Epitome de Caesaribus 138
Epos 11. 16. 53. 62. 74. 77. 110. 135
Eugippius 150
Eumenius 126
Eutropius 138
Excerpta Bobiensia 144; Valesiana 139
Exodium 56
Exuperantius 47

Fabeldichtung 107. 133
Fabius Pictor 25
Fannius 27
Fasti 4; Capitolini 5; Praenestini 83
Feldmeßkunst 106
Fenestella 81
Fescennini 3. 135
Festus, Grammatiker 83. 128
Festus, Geschichtschreiber 138
Firmicus Maternus 146
Flavianum ius 6
Florus, Dichter 119; Geschichtschreiber 122
Frontinus 105
Fronto 124

Gaius 129
Gargilius Martialis 131
Gellius, Annalist 27
Gellius, Grammatiker 127
Gennadius 151
Geographie 95. 99. 130. 134. 140
Germanicus 106
Geschichte 4. 24. 33. 44. 59. 77 89. 94. 121. 137. 150
Gracchus 29
Grammatik 30. 50. 81. 103. 126. 143
Granius Licinianus 123
Grattius 77
Gromatici 106

Hadrianus 118
Hegesippus 148
Heptateuch 132
Hexameter 16
Hieronymus 151
Hilarius 150
Hirtius 44
Historia Apollonii regis Tyri 141
Homerus Latinus 112
Horatius 65
Hosidius Geta 64
Hortensius 34
Hyginus, Grammatiker 81; Feldmesser 106
Hymnen, christliche 148. 150

Ianuarius Nepotianus 91
Iguvinae tabulae 1
Indigitamenta 4
Invectiva in Tullium 48
Iordanis 140
Isidorus v. Sevilla 153
Itala 133
Itineraria 131. 140
Iuba 120. 143
Iulianus 129
Iulius Capitolinus 123
Iulius Paris 90
Iulius Paulus 130
Iulius Romanus 128
Iulius Rufinianus 142
Iulius Valerius 124
Iulius Victor 142
Juristen 5. 6. 30. 33. 51. 84. 104. 129. 146
Ius Flavianum 6; Papirianum 5
Iustinianus 146
Iustinus 80
Iuvenalis 114
Iuvencus 148

Kochbuch 131

Labeo, Antistius 84; Cornelius 133
Laberius 57
Labienus 84
Lactantius 133
Laevius 52
Lampridius 123
Landwirtschaft 27. 31. 49. 61. 105. 131. 147
Laudationes 5
Laudatio Turiae 84
Leges regiae; XII tabularum 5
Libri magistratuum, pontificum 4
Licinius Calvus 35. 56
Licinius Macer 28
Livius 77
Livius Andronicus 10
Lucanus 110
Lucifer 150
Lucilius 23
Lucretius 53

Luscius Lanuvinus 21
Luxorius 137
Lydia 55. 64
Lygdamus 71

Maccus 4
Macrobius 144
Maecenas 58
Mago 31
Mamertinus 126
Manilius 107
Marcellus Empiricus 147
Marius Maximus 123
Martialis 115
Martianus Capella 144
Masurius Sabinus 104
Matius 52
Maximianus 137
Medizin 99. 104. 120. 147
Mela 95
Melissus 76
Menippeische Satire 49. 98. 145
Merobaudes 136
Messalla Corvinus 59
Militarische Schriftsteller 98. 105. 106. 145.
Mimus 4. 33. 56. 89. 108
Minucius Felix 132
Monumentum Ancyranum 58
Moretum 65
Mucius Scaevola 29
Musonius Rufus 95

Naevius 10
Namatianus 136
Naturwissenschaft 98. 131
Nazarius 126
Nemesianus 120
Nenia 3
Nero 87
Nerva (Jurist) 104; (Kaiser) 86
Nigidius Figulus 51
Nonius 128
Notae 43. 104. 122
Notitia dignitatum 140
Novatianus 132
Novius 22
Nux 76

Obsequens 139
Ofilius 51
Optatianus 134
Orbilius Pupillus 51
Orestis tragoedia 150
Origo gentis Romanae 138
Orosius 152
Oscus ludus 3
Ovidius 72

Pacatus 126
Pacuvius 18
Palladius 147
Palliata 9. 11. 18. 21
Panegyrici 102. 126
Panegyricus in Pisonem 110.
Pantomimus 33. 57
Papinianus 130
Papirianum ius 5
Papirius Fabianus 86. 95
Pappus 4
Paulinus 134. 149
Paulus, Jurist 130
Paulus Diaconus 83
Pelagonius 145
Persius 114
Pervigilium Veneris 129
Petronius 109
Peutingeriana tabula 58. 131
Phaedrus 107
Philosophie 33. 40. 50, 85. 95. 125. 141. 146.
Plautus 11
Plinius maior 98
Plinius minor 101
Plotius Gallus 29
Pomponius, Jurist 129
Pomponius Bononiensis 22
Pomponius Secundus 108
Porcius Latro 84
Porcius Licinus 7
Porfyrius 134
Porphyrio 128
Praetexta 9. 11. 18. 19. 108
Priapea 77
Priscianus 145
Proba 64. 148
Probus 103

Proculus 104
Propertius 71
Prudentius 149
Pseudodosithean. Fragm. 144
Publilius Syrus 57

Quadrigarius 28
Querolus 15
Quintilianus 100

Rätsel 136
Recitationes 34. 59. 102
Redner 26. 28. 32. 34. 37. 58. 59. 124. 142
Remmius Palaemon 103
Rhetorik 29. 39. 83. 84. 101. 133. 142
Roman 28. 109. 125. 141
Rufinus 151
Rutilius Lupus 84
Rutilius Rufus 28

Sabinus 104
Sacerdos 128
Saliare carmen 2
Sallustius 46
Salvianus 153
Sannio 56
Saserna 31
Satura 2. 17. 23. 49. 67. 114 f.
Saturnius versus 2
Scaena 9
Schauspielaufführungen 9
Scribonius Largus 105
Scriptores historiae Augustae 123
Sedulius 149
Sempronius Asellio 27
Seneca (Rhetor) 83
Seneca (Philosoph) 96; Tragödien 108
Serenus Sammonicus 120
Servius 64. 144
Sextii 85
Siculus Flaccus 106
Sidonius Apollinaris 136
Silius Italicus 111
Sinnius Capito 81
Sisenna 28

Solinus 130
Spartianus 123
Sprüche 3. 120
Statius 113
Statius Caecilius 19
Stupidus 56
Suetonius 121
Sulla 28
Sulpicia 71. 115.
Sulpicius Apollinaris 127
Sulpicius Galba 29
Sulpicius Rufus 51
Sulpicius Severus 152
Sulpitius Victor 142
Symmachus 142
Symphosius 136

Tabernaria 9
Tacitus 91
Terentianus Maurus 120
Terentius Afer 19
Terentius Scaurus 127
Tertullianus 132
Theater 10
Theodorus Priscianus 147
Tierheilkunde 131. 145
Tiberius 87
Tibullus 70
Tiro 43
Titinius 22
Titus 88
Togata 9. 21
Trabeata 76
Tragoedia 11.
Traianus 88. 102
Trebatius Testa 51
Trebellius Pollio 123
Tribonianus 146
Trogus 80
Turpilius 21

Ulpianus 130

Valerius Antias 28
Valerius Cato 55
Valerius Flaccus 112
Valerius Maximus 90
Valgius 77

Varius 76
Varro Reatinus 48
Varro Atacinus 55
Vegetius 145
Velius Longus 127
Velleius 89
Venantius Fortunatus 137
Vergilius 60
Verrius Flaccus 82
Vespasianus 87
Victorinus 143

Viri illustres 138
Vitruvius 85
Volcacius Sedigitus 16
Volusius Maecianus 129
Vopiscus 123
Vulcacius Gallicanus 123
Vulgata 151

Weltkarte 58

Zwolftafelgesetze 5

Verlag von Julius Springer in Berlin.

Griechische und römische
Literaturgeschichte und Altertümer
für höhere Lehranstalten und für den Selbstunterricht
bearbeitet von
Dr. W. Kopp,
Gymnasial-Direktor

Geschichte der griechichen Literatur.
Fortgeführt von F. G. Hubert und G. H. Müller.
Achte Auflage, umgearbeitet von
Dr. Otto Kohl,
Professor am K. Gymnasium in Kreuznach.
Preis M. 3,60; in Leinwand gebunden M. 4,10.

Griechische Staatsaltertümer.
Zweite, gänzlich umgearbeitete Auflage,
besorgt von Dr. V. Thumser, Prof. am k. k. Staatsgymnasium in Wien.
Preis M. 2,—.

Griechische Sakralaltertümer.
Preis M. 1,40.

Griechische Kriegsaltertümer.
Mit 18 Holzschnitten
Preis M. —,60.

Geschichte der römischen Literatur.
Fortgeführt von F. G. Hubert und O. Seyffert.
Neunte Auflage, bearbeitet von Dr. Max Niemeyer, Prof. am Kgl. Viktoria-Gymnasium zu Potsdam
Preis M. 2,—; in Leinwand gebunden M. 2,50.

Repetitorium der alten Geschichte.
Auf Grund der alten Geographie zum Gebrauch in höheren Lehranstalten
und zum Selbstunterricht
von **Dr. W. Kopp,** Gymnasial-Direktor
Preis M. —,60.

Die zehn Hirtenlieder des Virgil.
In freier Übertragung von **Dr. W. Kopp,** Gymnasial-Direktor.
Miniatur-Ausgabe. — Preis M. 1,60.

Des Euripides Iphigenie unter den Tauriern.
Deutsch von **Dr. W. Kopp,** Gymnasial-Direktor
Mit erklärenden Anmerkungen
Preis M. 1,20.

Homers Odyssee.
Deutsch von **Hans Georg Meyer.**
In Leinwand gebunden Preis M. 4,50.
Schulausgabe. Zweite Auflage. In Leinwand gebunden M. 2,—.

MIX
Papier aus verantwortungsvollen Quellen
Paper from responsible sources
FSC® C105338

If you have any concerns about our products,
you can contact us on
ProductSafety@springernature.com

In case Publisher is established outside the EU,
the EU authorized representative is:
**Springer Nature Customer Service Center GmbH
Europaplatz 3, 69115 Heidelberg, Germany**

Printed by Libri Plureos GmbH
in Hamburg, Germany